Muhammad Afzaal
Muhammad Rasheed Khan
Amtul Bari Tabinda Akhtar

Efeitos protectores da Digera muricata (L.) Mart. contra a toxicidade hepática

Muhammad Afzaal
Muhammad Rasheed Khan
Amtul Bari Tabinda Akhtar

Efeitos protectores da Digera muricata (L.) Mart. contra a toxicidade hepática

Efeitos protectores do extrato metanólico de Digera muricata (L.) Mart. contra a toxicidade da acrilamida no fígado de ratos

ScienciaScripts

Cover image: www.ingimage.com

This book is a translation from the original published under ISBN 978-3-659-90161-4.

Publisher:
Sciencia Scripts
is a trademark of
Dodo Books Indian Ocean Ltd. and OmniScriptum S.R.L publishing group

120 High Road, East Finchley, London, N2 9ED, United Kingdom
Str. Armeneasca 28/1, office 1, Chisinau MD-2012, Republic of Moldova, Europe
Managing Directors: Ieva Konstantinova, Victoria Ursu
info@omniscriptum.com

Printed at: see last page
ISBN: 978-620-8-63257-1

ÍNDICE

RECONHECIMENTO

ALHAMD-U-LILLAH

Isso é feito

Milhares de bênçãos de ALLAH sobre

Santo Profeta Muhammad (S.A.W.)

Sem cuja orientação não somos nada

Ó ***ALLAH****, conceda a misericórdia especial a* ***Sayyedina Muhammad (Sallallaho Allaihe Waalahe Wassalum)*** *e à sua família bênçãos que nos aliviem de todas as ansiedades e calamidades, que satisfaçam todas as nossas necessidades e que nos livrem de todos os males. Agradecemos a* ***ALLAH*** *que nos concede uma posição elevada, um posto elevado e um status elevado.*

Legitimamente, sinto-me altamente privilegiado e obrigado a expressar meus sinceros agradecimentos ao ***Dr. Wasim Ahmed****, Presidente do Departamento de Bioquímica, Faculdade de Ciências Biológicas, Universidade Quaid-i-Azam, Islamabad, por estender as instalações de pesquisa do departamento para a realização deste trabalho.*

O trabalho apresentado neste manuscrito foi realizado sob a atitude simpática, a bondade paternal, a orientação especializada, a crítica acadêmica, a paciência constante e a supervisão esclarecida do ***Dr. Muhammad Rashid Khan****, Professor Assistente do Departamento de Bioquímica da Faculdade de Ciências Biológicas da Universidade Quaid-i-Azam de Islamabad. Seus esforços contribuem para a inculcação do espírito de trabalho árduo e manutenção da integridade profissional, além de outras sugestões valiosas que sempre servirão como um farol de luz ao longo da minha vida.*

Agradeço profundamente aos meus colegas de laboratório ***Rehmat Khan, Sadaf Sajjad, Sadia, Jasia, Javeria, Sumaira, Sonia e Saima Shafique*** *por sua atitude incansável e prestativa, pelo incentivo contínuo, pelo apoio moral e pela orientação necessária. Agradecimentos especiais a* ***Abdul Hameed Khan*** *por seu apoio e orações.*

I Sempre me lembrarei das pessoas que tornaram minha estada no campus e no albergue tão conveniente, especialmente ***Attiq, Awais e Ahmed Zaheer Gujjar****, que, com sua doce companhia, nunca me deixaram sentir mal.*

Agradeço eterna e sinceramente à ***Dra. Amtul Bari Tabinda Akhtar****, que deixou um impacto positivo em minha vida com seu apoio carinhoso, sua cooperação, seu comportamento consolador e suas orações, não apenas nos estudos, mas em todos os aspectos da minha vida. Que* ***ALLAH*** *a abençoe, amém.*

Faltam palavras para expressar meus sentimentos e pensamentos aos meus afetuosos irmãos e irmãs por seu amor, devoção, cuidado e preocupação. Qualquer homenagem será menor para eles.

Nenhum reconhecimento poderia expressar adequadamente meus sentimentos aos meus afetuosos e adoráveis ***pais****. Eles são o verdadeiro sentido de minhas mais humildes obrigações e minhas palavras não conseguirão lhes dar o devido crédito. Tenho orgulho de meus pais, que me deram tudo o que eu precisava e se lembraram de mim em suas orações. Sou muito grato a meus pais amorosos.*

Também sou grato à minha ***amada esposa*** *por suas orações e apoio moral. Minhas orações especiais para meu falecido* ***pai****, que teria ficado muito feliz em me ver nesse estágio.*

QUE ALÁ ABENÇOE TODOS ELES!

Finalmente, agradeço mais uma vez a ***ALLAH ALMIGHTY*** *que ouviu e respondeu a todas as minhas orações.*

O ALLAH ME AUMENTE EM MEU CONHECIMENTO

"OBRIGADO"

NÃO É SUFICIENTE

O agradecimento é apenas uma parte de uma profunda gratidão por compartilhar tanta bondade de seu coração, sua gentileza é uma fonte de alegria e inspiração.

OBRIGADO

NÃO É SUFICIENTE, É APENAS UM COMEÇO

(Muhammad Afzaal)

Lista de abreviações

Abbreviation	Full Name
ROS	Reactive Oxygen Specie
DMSO	Dimethylsulphoxide
HNO_3	Nitric Acid
µg	Microgram
µl	Microlitre
Mg	Milligram
B.w	Body weight
Ph	-log[Hydrogen]
OD	Optical density
ACP	Acid phosphatase
LDH	Lactate dehydrogenase
GSH-Px	Glutathione peroxidase
CAT	Catalase
TBARS	Thiobarbituric acid-reactive substances
NIH	National Institute of Health
GSH	Reduced Glutathione
BSA	Bovine serum albumin
DTNB	1,2-dithio-bis nitro benzoic acid
CDNB	1-chloro-2,4-dinitrobenzene
NADPH	Nicotinamide adenine dinucleotide phosphate
DNA	Deoxyribonucleic acid
FAD	Flavine adenine dinucleotide
TBA	Thiobarbituric acid
TCA	Trichloroacetic acid
µm	Microtometer
g	Gram
ml	Milliliter
%	Percentage
M	Molar
EDTA	Ethylene diamino tris acetic acid
PBS	Phosphate Buffered Saline
mM	Milli Molar
HCl	Hydrochloric acid
NaCl	Sodium chloride
H_2SO_4	Sulphuric acid
dH2O	Distilled water
POD	Peroxidase
GST	Glutathione-S-transferase
ALP	Alkaline phosphatase
ACP	Acid phosphatase
AST	Aspartate amino transferase
ALT	Alanine transaminase

Resumo

Este experimento foi conduzido para determinar os efeitos protetores do extrato metanólico de *Digera muricata* (L.) Mart. sobre as lesões induzidas por acrilamida nos tecidos hepáticos de ratos nos níveis histológico e bioquímico. Quarenta e oito ratos albinos fêmeas saudáveis, pesando de 190 a 200 g, foram fornecidos pelo Animal House of National Institute of Health (NIH) Islamabad e mantidos no Primate Facility da Quaid-i-Azam University, Islamabad. Esses ratos foram divididos em oito grupos com seis ratos em cada grupo. Entre eles, o grupo I permaneceu como controle, enquanto o grupo II foi tratado com DMSO 5,0 ml/kg B.w. (peso corporal) por via oral uma vez ao dia durante cinco semanas. O grupo III recebeu 200 mg/kg de peso corporal de extrato metanólico de *Digera muricata* dissolvido em DMSO uma vez por dia durante cinco semanas. O restante dos ratos foi dividido em cinco grupos e tratado com solução aquosa de acrilamida 6 mg/kg de peso corporal por via intraparetoneal uma vez ao dia durante duas semanas. O Grupo IV foi sacrificado após o tratamento com acrilamida para coletar o soro e o fígado. O Grupo V permaneceu sem tratamento durante o restante do experimento. Os grupos VI, VII e VIII receberam 100, 150 e 200 mg/kg de extrato metanólico de *Digera muricata* dissolvido em DMSO uma vez por dia durante três semanas.

O peso médio do corpo e do tecido dos ratos tratados com acrilamida foi estatisticamente ($P<0,01$) reduzido em comparação com o grupo de controle. O tratamento do extrato metanólico sozinho e em combinação com a acrilamida aumentou significativamente o peso do corpo e do fígado em comparação com o grupo de controle. A histologia do grupo tratado com acrilamida mostrou necrose centrolobular, degeneração gordurosa acentuada dos hepatócitos, vasos sanguíneos congestionados com o epitélio perturbado. No caso dos grupos tratados com extrato de metanol, as alterações gordurosas induzidas e a dilatação dos vasos sanguíneos foram menos acentuadas em comparação com o grupo tratado com acrilamida. Esses efeitos foram mais pronunciados com o tratamento de dose mais alta, 200 mg/kg.

Os conteúdos de CAT, POD, SOD, APX, GSH e TBARS diminuíram significativamente nos tecidos do fígado de ratos com tratamento de acrilamida em comparação com o grupo de controle. Várias doses do extrato *de Digera muricata* melhoraram a toxicidade da acrilamida e os níveis desses biomarcadores foram revertidos para o nível de controle.

O tratamento com acrilamida induziu um aumento significativo na proteína e na% de fragmentação do DNA, enquanto esses aumentos foram revertidos para o nível de controle com o extrato metanólico de *Digera muricata* nos tecidos do fígado de ratos de maneira dependente da dose. As amostras de DNA do fígado tratadas com acrilamida (ratos tratados por 15 e 30 dias) mostraram um tipo peculiar de padrão contínuo de fragmentação de DNA que foi reduzido com as várias doses do extrato *de Digera muricata*. Esses resultados indicaram que a *Digera muricata* possui ingredientes ativos contra a toxicidade induzida pela acrilamida em ratos, reparando assim os danos em vários níveis.

Capítulo 1. Introdução

1.1. Morfologia da glândula hepática

L fígado é o segundo maior órgão do corpo e está situado no quadrado superior direito da cavidade abdominal. Ele tem duas superfícies: a diafragmática e a visceral. O fígado é o órgão onde são armazenados os nutrientes que são absorvidos em outras partes do corpo. Por isso, ele atua como a interface entre o sangue e o sistema digestivo. Ele recebe sangue das artérias e das veias. As artérias e o sangue venoso portal são misturados na sinusoide e depois passam para a veia central, no centro de cada lóbulo, que se unem e formam a veia hepática, que drena para a veia cava inferior (Mcminn, 1994). O fígado do rato tem quatro lóbulos e quatro ductos hepáticos que se unem para formar um ducto comum (Ratan *et al.,* 1997).

1.2. Histologia do fígado

Os hepatócitos são as principais células formadoras do fígado e constituem 80% da população de células do fígado. Há um pouco de tecido conjuntivo no interior do fígado. Há um padrão repetitivo aproximadamente hexagonal no qual as placas fenestradas das células do parênquima estão dispostas radicalmente em torno de uma veia central em três cantos dessas áreas poligonais. Há uma pequena área triangular de tecido conjuntivo que envolve um pequeno ducto biliar, um ramo da artéria hepática e um ramo da veia porta. Isso é chamado de tríade portal ou área portal. Os ramos laterais desses vasos, que ocorrem em intervalos curtos ao longo de seu comprimento, estão conectados à sinusoide hepática de paredes finas que ocupa os espaços entre as trabéculas dispostas radialmente e drenam para a veia central. A bile é secretada continuamente na rede de canalículos biliares intercelulares dentro das placas celulares e flui para os dutos biliares nas áreas portais na periferia. Essa unidade poligonal com cerca de 0,7 mm de diâmetro e 2 mm de comprimento é chamada de lobo hepático. É comumente chamado de lóbulo clássico (Fawcet e Bloom, 1994; Bradbury, 1997).

Os sinusóides hepáticos são mais largos do que os capilares e sua parede tem as placas em ambos os lados, mas separadas delas por um espaço estreito. A célula venosa também é ligada por outros dois tipos de células: (1) células endoteliais típicas (2) células grandes de Kupffer (também chamadas de células reticuloendoteliais), que são tipos de macrófagos capazes de fagocitar bactérias e outros materiais estranhos no sangue do seio hepático. A parede é feita de células endoteliais individuais e a parede do sinusoide tem fenestração descontínua e transcelular (Fawcet e Bloom, 1994; Sherlock e Dooley, 1989). As células de Kupffer são macrófagos hepáticos que existem entre os revestimentos dos sinusóides hepáticos. Essas células mononucleares em forma de estrela são derivadas de monócitos. Sua principal função é a de fagocitar detritos potencialmente obstruídos, eritrócitos velhos, fragmentos celulares e bactérias que possam chegar ao sangue portal (Fawcet e Bloom, 1994).

O fígado desintoxica e secreta agentes destrutivos contra muitas substâncias tóxicas. As hepatotoxinas são convertidas no radical reativo intermediário e, em seguida, exibem sua hepatotoxicidade levando à cirrose seguida de necrose degenerativa e atrofia do parênquima hepático com tecido conectivo intestinal (Robin e Kumar, 1987).

1.3. Fisiologia da glândula hepática

O fígado, que pesa aproximadamente de 1,2 a 1,6 kg, desempenha muitas das funções necessárias para manter-se saudável. Ele está localizado no lado direito do corpo, sob as costelas inferiores, e é dividido em quatro lobos de tamanhos desiguais. Dois grandes vasos transportam sangue para o fígado. A artéria hepática vem do coração e transporta sangue rico em oxigênio. A veia porta leva ao fígado sangue rico em nutrientes absorvidos do intestino delgado. Esses vasos se dividem em vasos cada vez menores, terminando em capilares. Esses capilares terminam nos milhares de lóbulos do fígado. Cada lóbulo é composto de hepatócitos e, à medida que o sangue passa por eles, eles são capazes de monitorar, adicionar e remover substâncias do sangue. Em seguida, o sangue deixa o fígado pela veia hepática, retorna ao coração e está pronto para ser bombeado para o resto do corpo (Sherlock e Dooley, 1989).

1.3.1. Função hepática

O fígado recebe 30% do débito cardíaco em repouso e atua como uma grande fábrica de processamento químico no corpo. Essas reações químicas, chamadas de metabolismo, são fundamentais para a regulação da homeostase do corpo.

As células do fígado, chamadas hepatócitos, contêm milhares de enzimas essenciais para a realização de funções metabólicas vitais. Elas são supermodelos no mundo do metabolismo celular. O fígado metaboliza tanto substâncias benéficas quanto prejudiciais. Ele armazena nutrientes e outras substâncias úteis, além de desintoxicar ou decompor compostos nocivos.

Eles podem ser excretados do corpo na bile, por meio do fígado, na urina, por meio dos rins, ou por outros meios.

1.3.2. Metabolismo de nutrientes

Muitas funções são desempenhadas pelo fígado. Ele regula o nível de glicose no sangue durante o jejum por meio da glicogenólise e da gliconeogênese. Todos os tipos de proteínas plasmáticas são preparados no fígado, exceto a proteína gamaglobulina. O fígado é o principal local de síntese de gorduras e colesterol. Os sais biliares são sintetizados no fígado e depois transportados para o intestino. Muitos hormônios e xenobióticos também são metabolizados no fígado. O fígado também armazena vitaminas e ferro. Os hepatócitos são os grandes responsáveis pela produção de metabólitos no corpo. Eles desempenham um papel fundamental na síntese de moléculas que são utilizadas em outros locais para manter a homeostase, na conversão de moléculas de um tipo para outro e na regulação do equilíbrio energético. O fígado também está envolvido no metabolismo de carboidratos, proteínas e gorduras (Ahmad, 1989; Kumar e Clark, 1992; Gyton e Hall, 1998; Murray *et al.*, 1996).

1.3.3. Metabolismo de carboidratos

É necessário que todos os animais mantenham a concentração de glicose no sangue dentro de uma faixa normal estreita. A manutenção do nível normal de glicose no sangue em períodos curtos (horas) e longos (dias a semanas) é uma função particularmente importante.

- Armazena grande quantidade de glicogênio
- Conversão de frutose e galactose em glicose
- Gluconeogênese
- Formação de muitos produtos intermediários de forma química do metabolismo de carboidratos

Os hepatócitos têm muitas vias metabólicas diferentes e empregam dezenas de enzimas que são ativadas ou desativadas alternativamente, dependendo se o nível de glicose no sangue está aumentando ou diminuindo fora da faixa normal. Dois exemplos importantes dessas habilidades são:

- O excesso de glicose que entra no sangue após uma refeição é rapidamente absorvido pelo fígado e sequestrado como um grande polímero, o glicogênio.
- Posteriormente, quando a concentração sanguínea de glicose começa a diminuir, o fígado ativa outras vias que levam à despolimerização do glicogênio e à exportação da glicose de volta ao sangue para ser transportada para todos os outros tecidos.

Quando a reserva de glicogênio hepático se esgota, como ocorre quando o animal não se alimenta há várias horas, os hepatócitos reconhecem o problema e ativam o grupo adicional de enzimas que começam a sintetizar a glicose a partir de aminoácidos e carboidratos de n-hexose (gliconeogênese). A capacidade do fígado de sintetizar essa "nova" glicose é de importância monumental para os carnívoros, que, pelo menos na natureza, têm dietas praticamente desprovidas de amido (Guyton e Hall, 2006).

1.3.4. Metabolismo de gorduras

A maioria das células do corpo metaboliza as gorduras, mas certos aspectos do metabolismo ocorrem principalmente no fígado, e as funções específicas do fígado no metabolismo da gordura são;

- Oxidação de ácidos graxos para fornecer energia para outras funções do corpo
- Síntese de grande quantidade de colesterol, fosfolipídios e lipoproteínas

- Síntese de gordura a partir de proteínas e carboidratos

Os principais exemplos da função do fígado no metabolismo da gordura incluem:

- O fígado é extremamente ativo na oxidação de triglicerídeos para produzir energia.

- O fígado decompõe muito mais ácidos graxos do que os hepatócitos precisam e exporta grande quantidade de acetoacetato para o sangue, onde ele pode ser captado e prontamente metabolizado por outros tecidos.

- O fígado é o principal local de conversão de carboidratos e proteínas em ácidos graxos e triglicerídeos, que são exportados e armazenados no tecido adiposo.

- O fígado sintetiza grande quantidade de colesterol e fosfólidos. Parte disso é incorporada à lipoproteína e disponibilizada para o resto do corpo. O restante é excretado na bile como colesterol ou após ser convertido em ácido biliar. (Guyton e Hall, 2006).

1.3.5. Metabolismo de proteínas

As funções mais importantes do metabolismo das proteínas são:

- Desaminação de aminoácidos.

- Formação da ureia para a remoção da amônia do fluido corporal.

- Formação de proteína plasmática.

- Interconversão de vários aminoácidos e síntese de outros compostos a partir de aminoácidos.

Ocorre a desaminação e a transaminação do aminoácido, seguidas pela transformação da parte não nitrogenada dessa molécula em glicose ou lipídio. Várias dessas enzimas usadas nessas vias (por exemplo, alanina e aspartato aminotranferase) são comumente testadas no soro para avaliar o dano hepático. Os hepatócitos são responsáveis pela síntese da maior parte da proteína plasmática. A albumina é o principal tipo de proteína sintetizada pelo fígado. Além disso, o fígado sintetiza muitos dos fatores de coagulação necessários para a coagulação do sangue (Guyton e Hall, 2006).

Algumas outras funções do fígado são:

Além das funções metabólicas, o fígado também desempenha outras funções. Ele armazena grande quantidade de sangue em seus vasos e desempenha a função de limpeza do sangue. O sistema de macrófagos hepáticos desempenha um papel muito importante na coleta de bactérias e outros invasores do sangue. O fígado também atua como órgão de armazenamento de diferentes tipos de vitaminas, como as vitaminas A, D e B12 etc. O fígado também armazena ferro na forma de ferritina no corpo (Guyton e Hall, 1998).

1.4. Acrilamida

A acrilamida (2-propenamida, C_3H_5NO) é um produto químico branco e inodoro com peso molecular de 71,08. É um sólido cristalino em temperatura ambiente e é altamente solúvel em água (Budavari *et al.,* 1989).

1.4.1. Absorção

Estudos em animais mostram que a amida acrílica é rápida e bem absorvida pelas vias intravenosa, intraperitoneal, subcutânea, intramuscular, oral, mucosa trans e dérmica (Kuperman, 1958). Em ratos, a absorção da acrilamida após a administração oral é praticamente completa. Entretanto, apenas cerca de 25% de uma dose aplicada à pele é absorvida nas 24 horas seguintes (Dearfield *et al.,* 1988).

1.4.2. Distribuição

Após a absorção, a acrilamida é rapidamente distribuída pela água corporal total. A distribuição nos tecidos não é significativamente afetada pela dose ou pela via de administração.

As concentrações mais altas são encontradas nas células vermelhas do sangue. Apesar da proeminência dos efeitos neurológicos, a acrilamida não está concentrada nos tecidos do sistema nervoso (Miller *et al.,* 1982). A acrilamida atravessa prontamente a placenta (Edwards, 1975).

1.4.3. Meia-vida biológica

No sangue, a acrilamida tem uma meia-vida de aproximadamente 2 horas. Nos tecidos, a acrilamida total (composto original e metabólitos) apresenta eliminação bifásica com uma meia-vida inicial de aproximadamente 5 horas e uma meia-vida terminal de 8 dias (Edwards, 1975; Miller *et al.,* 1982). A acrilamida não se acumula no corpo.

1.4.4. Metabolismo

A acrilamida sofre biotransformação por conjugação com glutationa (Edwards, 1975; Miller *et al.,* 1982) ou redução pelo citocromo microssomal P-450 (Kaplan *et al.,* 1973), sendo a conjugação com glutationa provavelmente a principal via de desintoxicação. Os metabólitos não são tóxicos (Edwards, 1975).

1.4.5. Eliminação por via de exposição

Mais de 90% da acrilamida absorvida é excretada na urina como metabólitos. Menos de 2% é excretado como acrilamida inalterada. Quantidades menores são excretadas na bile e nas fezes (Miller *et al.,* 1982). Aproximadamente 60% de uma dose administrada aparece na urina em 24 horas (Miller *et al.,* 1982)

1.5. Sistema de defesa contra a toxicidade de xenobióticos

Muitos esforços de pesquisa recentes expressam o papel das espécies ativas de oxigênio (AOS) na patogênese de vários órgãos, como fígado, rim, tireoide, pâncreas, glândula adrenal etc. A família antioxidante inclui a catalase, a peroxidase, a dismutase etc. (Huang *et al.*, 1998). As enzimas antioxidantes protegem as macromoléculas do tecido, como lipídios, proteínas e DNA, contra danos ao inativar os oxidantes. As superóxido dismutases, que são o produto de um gene altamente conservado, convertem o radical de oxigênio livre em H_2O_2. Essa molécula, que é tóxica para as células, é quebrada para liberar o radical hidroxila (*OH), uma espécie reativa que é mais tóxica do que o $*O_2$ e o H_2O_2. As enzimas responsáveis pela conversão de H_2O_2 em outras substâncias inofensivas são a catalase e a glutationa peroxidase (GPX). Assim, essa família de enzimas pode agir de forma sequencial para desmutar as espécies tóxicas de oxigênio em outras que, então, podem ser rapidamente decompostas em subprodutos não tóxicos (Kanter *et al.*, 2004).

A catalase também é uma enzima antioxidante e está localizada principalmente nos peroxissomos citosólicos. Sua função é desintoxicar o H_2O_2 para oxigênio e água (Freeman *et al.*, 1986). A glutationa peroxidase (GSH-Px) é uma enzima citosólica e também elimina o H_2O_2, mas, em comparação com a catalase, a GSH-Px tem uma gama maior de substratos, incluindo peróxidos lipídicos. A cinética dessa enzima é muito complexa, mas ela tem uma afinidade maior pelo H_2O_2 em comparação com a catalase. A glutationa peroxidase funciona principalmente para desintoxicar o baixo nível de H_2O_2 nas células (Heffner, 1989).

A superóxido dismutase do tipo cobre-zinco dismutase é uma enzima que contém cobre para sua ação catalítica e zinco como estabilizador de proteínas. Essa enzima pode estar localizada no citoplasma e na matriz nuclear ou nos peroxissomos. Essa enzima também atua como um eliminador do radical livre de oxigênio (Marklund, 1992). As enzimas antioxidantes podem atuar de forma coordenada para defender os tecidos vivos dos danos causados por oxidantes. Como a produção de enzimas antioxidantes está sob controle genético, alguns produtos químicos exógenos ou seus metabólitos podem reagir com o DNA e provocar mudanças na via biossintética da produção de enzimas antioxidantes. Portanto, as alterações nas enzimas antioxidantes também alteram o mecanismo de defesa das células e dos tecidos.

1.6. Reparação de danos nos tecidos por meio de plantas medicinais

Todos os organismos vivos contêm metabólitos e enzimas antioxidantes que evitam danos oxidativos aos compostos celulares, como lipídios, proteínas e DNA. As pesquisas descobriram uma correlação entre o dano oxidativo e a ocorrência de doenças. Um grande número de plantas e seus produtos e vários componentes dietéticos derivados de plantas foram avaliados como possíveis agentes quimioprotetores nas células vivas. As plantas medicinais têm desempenhado um papel significativo na manutenção da saúde humana e na melhoria da qualidade da vida humana há milhares de anos. Muito entusiasmo foi gerado para explorar o uso potencial de compostos anti-inflamatórios e antioxidantes de ocorrência natural para atenuar as reações inflamatórias induzidas por compostos xenobióticos. Propriedades anti-inflamatórias, antioxidantes e anticarcinogênicas foram documentadas para a *Curcuma longa* (Huang *et al.,* 1998). Foram registradas propriedades hepatoprotetoras para o *Ginkgo biloba* (Ahmad, 1989; Kumar e Clark, 1992; Gyton e Hall, 1998; Murray *et al.,* 1996) e silimarina. As sementes de *Nigella sativa* têm potencial curativo para distúrbios hepáticos (Kanter *et al.,* 2004).

A Digera muricata é usada etnofarmacologicamente em distúrbios renais (Anjaria *et al.,* 2002; Hocking, 1962). Entretanto, ela não foi avaliada contra a toxicidade induzida pela acrilamida no fígado de ratos. Devido à crescente importância dos metabólitos de plantas como medicina alternativa, o presente experimento foi elaborado para estudar os efeitos protetores dos extratos *de Digera muricata* contra a toxicidade hepática induzida pela acrilamida em modelo de rato.

Principais objetivos

Os principais objetivos do presente estudo foram determinar os efeitos protetores do extrato metanólico de *Digera muricata* contra a toxicidade da acrilamida como subjacente;

1. Para determinar as alterações histológicas no fígado
2. Para estimar os teores de proteína
3. Determinar a atividade das enzimas antioxidantes nos tecidos do fígado
4. Para determinar o efeito sobre as enzimas marcadoras do fígado no soro
5. Para determinar a peroxidação de lipídios nos tecidos do fígado
6. Para determinar o efeito protetor no DNA genômico do tecido hepático de ratos

Capítulo 2. Revisão da literatura

2.1. Mecanismos patológicos

Existem vários mecanismos pelos quais os medicamentos podem danificar o fígado. Poucos medicamentos, como o acetaminofeno e o metotrexato, são conhecidos por causar um efeito tóxico direto no fígado que é dependente da dose e da duração (Collins *et al.*, 1989). O restante dos medicamentos é idiossincrático (Collins *et al.*, 1989). Qualquer um desses mecanismos pode afetar um ou mais dos diferentes tipos de células hepáticas: hepatócitos, células do ducto biliar, células epiteliais sinusoidais, células estreladas e células de Kupffer (Collins *et al.*, 1989). As reações idiossincráticas podem ser metabólicas ou imunomediadas com um certo grau de sobreposição (Knasmuller *et al.*, 2004). A idiossincrasia metabólica se desenvolve quando um medicamento ou um de seus metabólitos se liga a uma proteína celular, ao DNA ou a qualquer outra molécula celular, resultando em disfunção celular. Outro mecanismo envolve a depleção da glutationa, a alteração da oxidação da redução ou o início do estresse oxidativo intracelular (Collins *et al.*, 1989). A perturbação do equilíbrio fino entre os sinais de sobrevivência e morte dentro da célula, favorecendo os fatores pró-apoptóticos, inicia uma cascata de reações intracelulares que levam à perda de viabilidade. Outro mecanismo envolve a sensibilização das células hepáticas às citocinas, como o fator de necrose tumoral (TNF), que pode levar à apoptose ou à necrose (Knasmuller *et al.*, 2004).

No sistema imunomediado, uma parte do medicamento ou seu metabólito se liga covalentemente às proteínas celulares, formando um conjugado hapteno-portador. Esse fenômeno é conhecido como "atomização" (Knasmuller *et al.*, 2004). Os peptídeos haptenizados de histocompatibilidade principal (MHC) tipo II são apresentados na superfície das células de Kupffer, promovendo a formação de células T auxiliares e citotóxicas que reconhecem antígenos. A apresentação adicional de antígenos pelos hepatócitos em conjunto com o MHC tipo I ativa as respostas imunes humorais e celulares que levam à lesão hepática (Knasmuller *et al.*, 2004). Na inflamação dos hepatócitos, esses produtos químicos passam por processos metabólicos complexos para serem convertidos em substâncias hidrofílicas, prontamente solúveis na corrente sanguínea e facilmente eliminadas em seguida (Goldsworthy *et al.*, 1993). Os medicamentos ou seus metabólitos podem causar efeitos tóxicos no fígado. Muitos dos metabólitos intermediários têm meia-vida curta, alguns estimados em menos de um minuto, o que torna sua detecção uma tarefa desafiadora (Goldsworthy *et al.*, 1993). As lesões hepáticas induzidas por medicamentos são reações idiossincráticas, com exceção do acetaminofeno e do metotrexato, que causam lesões hepáticas dependentes da dose (Goldsworthy *et al.*, 1993).

As reações idiossincráticas são reações adversas imprevisíveis que geralmente ocorrem entre 5 e 90 dias após o início do uso do medicamento (Goldsworthy *et al.*, 1993).

2.2. Epidemiologia

Há dados limitados sobre a incidência de lesão hepática induzida por medicamentos porque a maioria dos casos leves de lesão hepática não é relatada. Estudos demonstraram que os medicamentos são responsáveis por aproximadamente 30% dos casos de hepatite aguda encaminhados para avaliação de doença hepática (Mucci *et al.*, 2003). Em um estudo realizado por (Cohen *et al.*, 1990) na população geral da região central de Massachusetts, a incidência de anormalidades de enzimas hepáticas associadas a medicamentos foi de 40,6 casos por 100.000 pessoas por ano (Cohen *et al.*, 1990). Outro estudo prospectivo realizado na França em uma população de 81.000 pessoas durante um período de 3 anos mostrou que a incidência de lesão hepática induzida por medicamentos (DILI) foi de 14 por 100.000 por ano, com uma taxa de mortalidade de 6% (Mucci *et al.*, 2003). Essencialmente, qualquer medicamento, mesmo os mais seguros, pode causar lesão hepática (Mucci *et al.*, 2003). Metade dos medicamentos listados no Physicians Desk Reference está associada a algum grau de lesão hepática, e 100 deles são capazes de causar insuficiência hepática fulminante (Lewis, 2002).

O acetaminofeno é a causa mais comum de DILI, seguido por antibióticos, AINEs, amiodarona e medicamentos anti-TB (Hertleb *et al.*, 2002). A reação é mediada por uma série de citocinas pré-inflamatórias que incluem TNF, FasL, NO, IFN-γ e outras (Kaplowitz, 2004). O TNF aciona uma cascata de vias de caspase, incluindo Bim e Bmf, levando à apoptose. Em muitos casos, a DILI tem manifestações alérgicas, incluindo febre, erupção cutânea, nefrite intersticial, eosinofilia periférica e infiltração eosinofílica do parênquima hepático (Goldsworthy *et al.*, 1993). A lesão hepática imunomediada se desenvolve secundariamente a um defeito nos mecanismos de indução de tolerância imunológica. O fígado tem a capacidade exclusiva de induzir tolerância a grandes quantidades de antígenos estranhos, transportados pelo sistema portal. As células de Kupffer medeiam esse processo induzindo a apoptose de células T ativadas, o desvio imunológico e a supressão ativa. A interrupção desse processo de tolerância imunológica pode levar a respostas imunológicas tóxicas e autoimunes (Goldsworthy *et al.*, 1993). Algumas pessoas são suscetíveis a desenvolver reações idiossincráticas, enquanto outras não. A explicação para isso é que as enzimas hepáticas, especialmente a P450, responsável pelo metabolismo de moléculas estranhas, incluindo medicamentos, têm ampla variabilidade na expressão e na atividade catalítica, resultando em uma grande variedade fonotípica entre as pessoas. Os pacientes que desenvolvem reações idiossincráticas a um determinado medicamento o metabolizam de uma forma única ou não possuem determinadas enzimas neutralizantes para proteger as células dos metabólitos reativos formados (Aithal, 2004). Embora se acredite que os fatores genéticos sejam os mais importantes para determinar a suscetibilidade de um indivíduo, eles não são suficientes para iniciar esse processo sozinhos. Assim, uma teoria de múltiplos acertos parece ser bem aceita e vários fatores de risco foram identificados (Collins *et al.*, 1989).

Esses fatores de risco incluem idade superior a 55 anos, sexo feminino, medicamentos administrados em conjunto, reações anteriores a medicamentos, estado nutricional, gravidez, cirurgia recente, dose do medicamento e uso de álcool (Abraham *et al.*, 1999). Muitos medicamentos causam elevações transitórias das aminotransferases, geralmente de três a cinco vezes o limite superior do normal. Essas elevações diminuem apesar do uso contínuo do medicamento. O mecanismo exato de adaptação ao medicamento prejudicial é desconhecido. Os pacientes que desenvolvem DILI são considerados um pequeno subgrupo (5-10%) daqueles que desenvolvem elevações transitórias nos testes de função hepática (Boskabady *et al*, 1998). Um exemplo disso é a transaminite transitória observada em aproximadamente 3% dos pacientes que tomam estatina, que geralmente se normaliza nos primeiros 3 meses de terapia (Rashid *et al.*, 2004). O fígado se recupera completamente dessa lesão de curta duração, sem sequelas (Abraham *et al.*, 1999).

2.3. Produtos químicos que afetam a fisiologia do fígado

Há muitas evidências experimentais de que a exposição a solventes orgânicos, pesticidas, efluentes industriais, escapamentos de motores e vários outros poluentes criam sérios problemas para os tecidos e órgãos vivos. Mas seus principais pontos-alvo são os pulmões e o fígado. A exposição a vários compostos orgânicos, incluindo vários poluentes ambientais e medicamentos, pode causar danos celulares por meio da ativação metabólica de substâncias altamente reativas, como espécies reativas de oxigênio. Os radicais livres induzem a peroxidação de lipídios, o que destrói as membranas das células e cria saciações patológicas graves (Manna *et al.*, 2006).

O tetracloreto de carbono é o nome comum do tetraclorometano, que é um composto sintético altamente tóxico e carcinogênico para os tecidos vivos. O tetracloreto de carbono é uma conhecida hepatotoxina, nefrotoxina, neurotoxina e pulmotoxina (Ogeturk *et al.*, 2005). Os efeitos mais imediatos da toxicidade do CCl_4 geralmente ocorrem no cérebro.

Os efeitos comuns são dor de cabeça e tontura, além de náusea e vômito. O fígado é especialmente sensível à CCU Em casos leves, o fígado fica inchado e sensível, e a gordura tende a se acumular dentro do tecido. Em casos graves, muitas células podem ser mortas, levando à diminuição da função hepática. O tetracloreto de carbono também causa efeitos em outros tecidos do corpo, como pulmões, tireoide, pâncreas e glândula adrenal, mas esses geralmente não são tão importantes quanto os efeitos no fígado, nos rins e no cérebro. Informações limitadas de estudos com animais indicam que o CCl_4 não causa defeitos congênitos, mas pode diminuir a taxa de sobrevivência de animais recém-nascidos. No entanto, isso não foi estudado a fundo (Agency for toxic substances and disease registry).

2.4. Efeito das espécies reativas de oxigênio (ROS)

Muitos esforços de pesquisa recentes expressam o papel das espécies ativas de oxigênio (AOS) na patogênese de vários órgãos, como fígado, rim, tireoide, pâncreas, glândula adrenal etc. A família antioxidante inclui catalases, peroxidases e dismutases (Boyd *et al.,* 1980). As enzimas antioxidantes protegem as macromoléculas do tecido, como lipídios, proteínas e DNA, contra danos ao inativar os oxidantes. A superóxido dismutase, que é o produto de um gene altamente conservado, converte o radical de oxigênio livre em H_2O_2. Essa molécula, que por si só é tóxica para as células, é quebrada para liberar o radical hidroxila (*OH), uma espécie reativa que é mais tóxica que o $*O_2$ e o H_2O_2. As enzimas responsáveis pela conversão de H_2O_2 em outras substâncias inofensivas são a catalase e a glutationa peroxidase. Assim, essa família de enzimas pode agir de forma sequencial para desmutar as espécies tóxicas de oxigênio em outras que, então, podem ser rapidamente decompostas em subprodutos não tóxicos (Gilani *et al.*, 2005). A catalase também é uma enzima antioxidante e está localizada principalmente nos peroxissomos citosólicos. Sua função é desintoxicar o H_2O_2 em oxigênio e água (Freeman *et al.,* 1986). A glutationa peroxidase (GSH-Px) é uma enzima citosólica e também elimina o H_2O_2, mas, em comparação com a catalase, a GSH-Px tem uma gama maior de substratos, incluindo peróxidos lipídicos. A cinética dessa enzima é muito complexa, mas ela tem uma afinidade maior pelo H_2O_2 em comparação com a catalase. A glutationa peroxidase funciona principalmente para desintoxicar o baixo nível de H_2O_2 nas células (Heffner, 1989). A dismutase, como a superóxido dismutase de cobre-zinco, contém cobre para sua ação catalítica e zinco como estabilizador de proteína. Essa enzima pode estar localizada no citoplasma e na matriz nuclear ou nos peroxissomos. Essa enzima também atua como um eliminador do radical livre de oxigênio (Marklund, 1992; Crapo *et al.,* 1980). As enzimas antioxidantes podem atuar de forma coordenada para defender os tecidos vivos dos danos causados por oxidantes. Como a produção de enzimas antioxidantes está sob o controle genético, alguns produtos químicos exógenos ou seus metabólitos podem reagir com o DNA e provocar alterações na via biossintética da produção de enzimas antioxidantes. Portanto, as alterações nas enzimas antioxidantes também alteram o mecanismo de defesa das células e dos tecidos.

2.5. Reparação de danos nos tecidos por meio de plantas medicinais

Todos os organismos vivos contêm metabólitos e enzimas antioxidantes que evitam danos oxidativos aos compostos celulares, como lipídios, proteínas e DNA. As pesquisas descobriram uma correlação entre o dano oxidativo e a ocorrência de doenças. Um grande número de plantas e seus produtos e vários componentes dietéticos derivados de plantas foram avaliados como possíveis agentes quimioprotetores nas células vivas. As plantas medicinais têm desempenhado um papel significativo na manutenção da saúde humana e na melhoria da qualidade de vida humana há milhares de anos.

Muito entusiasmo foi gerado para explorar o uso potencial de compostos anti-inflamatórios e antioxidantes de ocorrência natural para atenuar as reações inflamatórias induzidas por compostos xenobióticos.

A curcumina é um antioxidante dietético derivado do açafrão-da-terra *(Curcuma longa)* e é conhecida desde a antiguidade por suas propriedades terapêuticas. Foi relatado que ela é um potente composto anti-inflamatório, antioxidante e anticarcinogênico (Huang *et al.*, 1998).

A árvore *Ginkgo biloba* é considerada um potente agente hepatoprotetor contra a lesão hepática induzida pelo tetracloreto de carbono. Estudos histopatológicos mostraram que o CCl_4 causou esteatose e degeneração hidrópica do tecido hepático. O pré-tratamento *com Ginkgo biloba* apresentou proteção, o que confirmou os resultados dos estudos bioquímicos. Todos os efeitos do *Ginkgo biloba* foram comparáveis aos da silimarina, um hepatoprotetor comprovado. Os resultados desses estudos indicam que o tratamento simultâneo com *Ginkgo biloba* protege o fígado contra a hepatotoxicidade induzida por CCl_4 (Ahmad, 1989; Kumar e Clark, 1992; Gyton e Hall, 1998; Murray *et al.*, 1996).

As sementes de *Nigella sativa*, que é uma planta herbácea anual, são usadas tradicionalmente há séculos no Oriente Médio, no norte da África, no Extremo Oriente e na Ásia para o tratamento da asma. Pesquisas recentes indicam que o óleo extraído da *Nigella sativa* tem efeitos medicinais e repara a lesão hepática induzida pelo tetracloreto de carbono. Ele também aumentou o nível reduzido da enzima antioxidante nos ratos tratados com CCI_4 (Kanter *et al.*, 2004).

2.6. Mecanismo de ação da acrilamida

A acrilamida é metabolizada em um metabólito epóxido reativo, a glicidamida, por meio do citocromo P450 2E1 (Sumner *et al.*, 1992). Tanto a acrilamida quanto a glicidamida são reativas ao DNA em sistemas seletivos *in vitro* (Solomon *et al.*, 1985; Segerb'ack *et al.*, 1995), sugerindo que a reatividade do DNA participa do modo de ação da carcinogenicidade. No entanto, a resposta neoplásica específica do tecido observada com a acrilamida sugere que os mecanismos epigenéticos podem contribuir para a tumorigenicidade no rato. A indução da síntese de DNA e a modulação do crescimento celular por carcinógenos químicos é um componente importante do processo de carcinogênese para carcinógenos genotóxicos e não genotóxicos (Cohen e Ellwein, 1990; Ames e Gold, 1990; Butterworth e Goldsworthy, 1993)

2.7. Carcinogenicidade animal

Foram realizados dois experimentos de longo prazo em animais, ambos com exposição oral de ratos F344 (Johnson *et al.*, 1986; Friedman *et al.*, 1995). Os resultados desses dois estudos mostram que a acrilamida é carcinogênica em ratos, produzindo um aumento na incidência de vários tumores (benignos e malignos) em vários locais (por exemplo, tireoide, adrenais e testículos) após a exposição a doses relativamente baixas de acrilamida (Johnson *et al.*, 1986)

2.8. Modo de ação carcinogênico proposto

A hipótese de um modo de ação genotóxico para a carcinogenicidade da acrilamida já havia sido levantada na primeira avaliação de risco da acrilamida (NIOSH, 1976). Nesse documento, afirma-se que a detecção de adutos de DNA de ^{14}C-acrilamida no cérebro de ratos foi observada e, juntamente com semelhanças estruturais com o conhecido carcinógeno cloreto de vinil, torna razoável (NIOSH, 1976) a hipótese de que a acrilamida "pode produzir efeitos mutagênicos ou carcinogênicos em sistemas de mamíferos" (NIOSH, 1976). Em um ensaio de iniciação/promoção cutânea, a exposição a 50 mg/kg de acrilamida, 3 dias por semana durante 2 semanas, por aplicação dérmica, injeção i.p. ou gavagem oral, foi seguida pela administração dérmica de TPA 3 dias por semana durante 20 semanas. Os animais foram sacrificados após 52 semanas. Um aumento relacionado à dose de acrilamida na formação de tumores foi observado em todas as vias de administração de acrilamida quando o TPA foi administrado posteriormente, mas não em animais que receberam a acrilamida, mas não o TPA (Bull *et al.*, 1984a; 1984b). Esses resultados, em combinação com os resultados do estudo de 2 anos em ratos (Johnson *et al.*, 1986) e os resultados positivos de um ensaio de triagem de adenoma pulmonar (Bull *et al.*, 1984a), indicam, de acordo com (MAK, 1985), um potencial genotóxico da acrilamida (MAK, 1985). Por outro lado, a IARC (1986) concluiu que "o grau de evidência em testes de curto prazo para atividade genética" era "inadequado" (IARC, 1986). Vários documentos de avaliação de risco não apresentam uma discussão ou conclusões explícitas sobre os possíveis modos de ação para a carcinogenicidade da acrilamida (OMS, 1985; IRPTC, 1988; Molak, 1991; IARC, 1994). Todos os outros avaliadores de risco levantam a hipótese de um modo de ação genotóxico (MAK, 1990; IARC 1994; IMM, 1998; UE 2002). A genotoxicidade em combinação com um mecanismo hormonal é discutida por IMM (1998) e EU (2002).

2.9. Acrilamida e apoptose

A indução da síntese de DNA e a modulação do crescimento celular por carcinógenos químicos é um componente importante do processo de carcinogênese para carcinógenos genotóxicos e não genotóxicos (Cohen e Ellwein, 1990; Ames e Gold, 1990; Butterworth e Goldsworthy, 1991). A proliferação celular pode resultar em um aumento nas mutações espontâneas adquiridas durante a síntese de DNA e/ou na expansão clonal seletiva de células iniciadas anteriormente (Cohen e Ellwein, 1991; Schulte-Hermann, 1987; Klaunig, 1993). Um aumento no crescimento celular pode ocorrer por meio de um aumento na mitose e na síntese de DNA e/ou uma redução da apoptose (Goldsworthy *et al.*, 1993; Klaunig *et al.*, 2000). Assim, o exame do efeito da acrilamida na proliferação celular e na apoptose é importante para aprofundar nossa compreensão do mecanismo da carcinogenicidade específica do tecido da acrilamida.

O estudo atual examinou o efeito da acrilamida nos parâmetros de crescimento celular (síntese de DNA, mitose e apoptose) em tecidos-alvo da neoplasia induzida por acrilamida (tireoide, medula adrenal, mesotélio testicular e fígado) e a função do metabolismo oxidativo mediado pelo citocromo P450 e/ou metabólitos de acrilamida derivados do P450 na proliferação celular induzida por acrilamida.

2.10. Acrilamida e danos ao DNA

No presente estudo, usamos células de hepatoma humano G2 (HepG2) para investigar a genotoxicidade da acrilamida e seus mecanismos. As células HepG2 mantêm muitas características dos hepatócitos, como as atividades das enzimas de fase I e fase II, e refletem o metabolismo dos xenobióticos no corpo humano melhor do que outras células metabolicamente incompetentes (Knasmuller *et al.*, 1998). Foi demonstrado que as células HepG2 são um sistema adequado para testes de genotoxicidade (Dearfield *et al.*, 1983; Knasmuller *et al.*, 2004). O fígado é o local inicial do metabolismo da acrilamida após a dosagem oral ou i.p., e a acrilamida é encontrada em altas concentrações no fígado. Neste estudo, escolhemos as células HepG2 como modelo in vitro. A acrilamida é metabolizada em glicidamida (GA) pelo CYP2E1, que se acredita estar envolvido nos efeitos carcinogênicos e mutagênicos da acrilamida (Sumner *et al.*, 1999).

O ensaio Comet, que determina o dano ao DNA como ponto final, baseia-se na medição da migração do DNA em um campo elétrico (Ostling e Johanson, 1984). Ele envolve a incorporação de células individuais em agarose em uma lâmina de microscópio e a medição do grau de migração do DNA nuclear na eletroforese. A extensão da migração é proporcional ao número de quebras no DNA, e sua avaliação permite a medição indireta do número de quebras de DNA em nível de célula única. A intensidade da cauda do cometa em relação à cabeça reflete o número de quebras de DNA (Collins, 2004). A extensão do dano ao DNA foi quantificada pelo aumento do comprimento da cauda, do DNA da cauda (%) e do momento da cauda. Esse procedimento tem sido amplamente usado para estudos de genotoxicidade (McKelvey-artin *et al.*, 1993). O teste de micronúcleo in vitro (MNT) é um sistema de teste mutagênico para a detecção de produtos químicos que induzem a formação de pequenos fragmentos de DNA ligados à membrana, ou seja, micronúcleos (MN) no citoplasma de células em interfase. Esses MN podem se originar de fragmentos acêntricos (fragmentos de cromossomos sem um centrômero) ou de cromossomos inteiros que não conseguem migrar com o restante dos cromossomos durante a anáfase da divisão celular (Pary, 1997; Fenech, 2000; Kirsch-Volders *et al.*, 1997). A genotoxicidade da acrilamida foi avaliada pelo ensaio Cometa alcalino e pelo teste do micronúcleo. Como o mecanismo molecular pode envolver a geração de várias espécies reativas de oxigênio (ROS), medimos o nível de ROS intracelular usando o ensaio de diacetato de 2,7-diclorofluoresceína (DCFH-DA). As ROS incluem ânion superóxido, peróxido de hidrogênio e radical hidroxila, que são gerados pela redução incompleta do oxigênio

(He *et al.*, 2006). E as ROS são muito mais reativas do que o oxigênio molecular e podem causar danos graves aos ácidos nucleicos, às membranas celulares e às proteínas (Farr e Kogoma, 1991). Sabe-se também que as ROS atacam outros componentes celulares, como os lipídios, deixando para trás espécies reativas que, por sua vez, podem se acoplar às bases do DNA (Lawrence, 2000). E a medição de ROS também é uma indicação de genotoxicidade (EUROTOX, 2006).

2.11. Efeito do marcador e das enzimas antioxidantes

Todos os organismos vivos têm um mecanismo de defesa especializado para reduzir os efeitos das espécies reativas de oxigênio (ROS), pois esses radicais livres causam a degeneração das membranas das células. Muitos pesquisadores recentes destacam o papel das espécies reativas de oxigênio na patogênese de várias doenças hepáticas, incluindo o câncer de fígado. As espécies reativas de oxigênio podem ser geradas por um grupo diversificado de agentes físicos e químicos exógenos, como ozônio, hiperóxia, paraquat, óxidos de nitrogênio e enxofre, poeiras minerais, radiações ultravioleta, iniciadores e promotores de tumores e endotoxinas. Como alternativa, a produção de EROs pode ser facilitada por mecanismos endógenos que envolvem citocinas específicas, como o fator de necrose tumoral (TNF) e a interleucina-1, ou após a explosão respiratória por macrófagos e neutrófilos ativados (Quinlan *et al.,* 1994). Antioxidantes são moléculas que podem neutralizar os radicais livres aceitando ou doando um elétron para eliminar a condição não pareada. Normalmente, isso significa que a molécula antioxidante se torna um radical livre no processo de neutralização de uma molécula de radical livre em uma molécula não radical livre. Mas a molécula antioxidante geralmente será um radical livre muito menos reativo do que o radical livre neutralizado. A molécula antioxidante pode ser muito grande (o que lhe permite "diluir" o elétron desemparelhado), pode ser prontamente neutralizada por outro antioxidante e/ou pode ter outro mecanismo para terminar sua condição de radical livre. (Doelman e Bast, 1990) explicam que a interação de ROS com uma variedade de biomoléculas resulta em alterações tóxicas. Devido à importância dos ácidos graxos poliinsaturados em praticamente todas as membranas biológicas, essas interações serão tratadas agora. O *OH pode abstrair um átomo de hidrogênio dos ácidos graxos poliinsaturados nas membranas com a formação de um radical dieno conjugado, resultando na formação de epóxidos, peróxidos e radicais peroxi lipídicos. Posteriormente, esse radical pode abstrair outro átomo de hidrogênio de outro ácido graxo poliinsaturado e uma reação em cadeia de propagação pode começar. A ligação oxigênio-oxigênio do hidroperóxido lipídico (R-O-O-R') pode ser clivada homoliticamente por algumas proteínas, como o citocromo P450, formando assim radicais alcoxi e hidroxila. Além disso, podem ser formados radicais peróxidos de lipídios. A peroxidação lipídica prossegue e são produzidos alcanos, como etano e pentano, alcenos, aldeídos (inclusive o reativo 4-hidroxi-23-transnonenal), cetonas e ácidos hidroxílicos. A destruição da bicamada lipídica causa influxo de cálcio nas células endoteliais da artéria pulmonar bovina. Além disso, a fosfolipase A2 da membrana é ativada durante a peroxidação de lipídios microssomais do fígado. Isso, por sua vez, facilita a deterioração adicional da bicamada lipídica por processos de radicais livres (Kehrer, 1980).

Bhattacharya *et al.* (2005) estudaram as alterações bioquímicas no fígado, nos rins e nas brânquias do rosy barb devido à toxicidade do tetracloreto de carbono, que foram medidas após 96 horas de exposição. Eles mediram os níveis de alanina aminotrasferase (ALT), asparato aminotransferase (AST), fosfato alcalino (ALP), lactato desidrogenase (LDH), nitrogênio ureico no sangue (BUN) e creatinina (CRN). Eles constataram um aumento significativo nas atividades de (ALP), (ALT), (LDH) e BUN nos grupos tratados com fígado em comparação com o controle ($P<0,05$). O nível de AST foi significativamente maior nos rins. Esse estudo indica que a atividade enzimática foi comparativamente maior no fígado do que nos rins ou nas brânquias, sugerindo que o fígado foi o principal órgão afetado pela toxicidade da acrilamida em barbos rosados.

Capítulo 3. Materiais e métodos

3.1. Coleta de plantas

Digera muricata (L.) Mart. também chamada localmente de "Tandla" ou "Lulur" na maturidade, foram coletadas, secas à sombra e usadas como material vegetal. As plantas foram identificadas e submetidas ao registro nº 125127 no Herbário do Paquistão, na Universidade Quaid-i-Azam de Islamabad, Paquistão.

3.2. Preparação do extrato vegetal

Partes aéreas secas ao ar de *D. muricata* (1,50 kg) foram moídas e extraídas com metanol e n-hexano de 5,0 litros sucessivamente, com agitação ocasional e filtradas. O resíduo foi re-extraído duas vezes com o respectivo solvente e seco sob vácuo. O extrato metanólico da planta *Digera muricata* rendeu 19 g de material verde e viscoso.

3.3. Animais e tratamento

Quarenta e oito ratos albinos fêmeas saudáveis, pesando de 190 a 200 g, foram fornecidos pelo Animal House of National Institute of Health (NIH) Islamabad e mantidos no Primate Facility da Quaid-i-Azam University, Islamabad. Os ratos tinham comida e água fresca à disposição. Esses ratos foram divididos em oito grupos com seis ratos em cada grupo. Entre eles, o grupo I, composto por seis ratos, foi escolhido aleatoriamente como controle, enquanto o grupo II recebeu 5,0 ml/kg de dimetilsulfóxido (DMSO) por via oral, uma vez ao dia, durante cinco semanas. O grupo III recebeu 200 mg/kg de peso corporal de extrato metanólico dissolvido em DMSO uma vez por dia durante cinco semanas. O restante dos ratos foi dividido em cinco grupos e tratado com solução aquosa de acrilamida 6mg/kg de peso corporal por via intraparetoneal uma vez ao dia durante duas semanas. O Grupo IV foi sacrificado após o tratamento com acrilamida para coletar o soro e a glândula hepática. O Grupo V permaneceu sem tratamento durante o restante do experimento. Os grupos VI, VII e VIII receberam 100, 150 e 200 mg/kg de extrato metanólico dissolvido em DMSO uma vez por dia durante três semanas.

3.4. Procedimento de dissecação de animais

Após cinco semanas, todos os animais foram mantidos com ração normal sem nenhum tratamento por um dia antes da dissecação dos animais. Os animais receberam anestesia com clorofórmio e, em seguida, iniciaram a dissecação pelo lado ventral. Primeiramente, o sangue foi coletado por punção cardíaca em tubos de rotina e centrifugado para coletar o soro. O soro foi armazenado em geladeira. O fígado foi removido e lavado em solução salina gelada, seco com papel absorvente e pesado. Após a pesagem, o fígado foi dividido em duas porções.

1. As partes de todos os tecidos foram cortadas e armazenadas em soros fixadores (álcool absoluto 60%, formaldeído 30%, ácido acético glacial 10%) para histologia.

2. A segunda porção do tecido foi tratada com nitrogênio líquido e armazenada a -70 °C.

3.5. Produtos químicos

Glutationa reduzida (GSH), glutationa redutase, gama-glutamil p-nitroanilida, glicilglicina, albumina de soro bovino (BSA), ácido 1,2-ditiobis nitrobenzóico (DTNB), 1-cloro-2,4-dinitrobenzeno (CDNB), nicotinamida adenina dinucleotídeo fosfato reduzida (NADPH), flavina adenina dinucleotídeo (FAD), glicose-6-fosfato, 2,6-diclorofenolindofenol, ácido tiobarbitúrico (TBA), ácido pícrico, tungstato de sódio, hidróxido de sódio, ácido tricloroacético (TCA) foram adquiridos da Sigma.

3.6. Procedimento histológico dos tecidos

Desidratação

A fixação é seguida de desidratação nos seguintes graus crescentes de álcool

Álcool 80%	Durante a noite, em temperatura ambiente
90%	2 a 4 horas em temperatura ambiente
100% de	2 a 4 horas em temperatura ambiente

Após a desidratação, o tecido hepático fixado foi transferido para óleo de madeira de cedro até que se tornasse claro e transparente em temperatura ambiente.

Incorporação

As seguintes medidas foram tomadas.

Benzol	10 minutos em temperatura ambiente
Benzol	10 minutos em temperatura ambiente
Benzol + paraplast (1:1	20 minutos a 60 °C
Paraplast	12 horas a 60 °C
Paraplast 2	12 horas a 60 °C
Paraplast 3	12 horas a 60 °C

Os tecidos incorporados foram então transferidos para cera derretida em um barco. As bolhas foram removidas e a cera foi deixada solidificar. Um bloco de cera contendo tecido foi preparado. Os blocos de cera de parafina foram cortados com a ajuda de uma faca ou bisturi esterilizado e, em seguida, montados em um bloco de madeira para serem seccionados.

Microtomia

O tecido embebido em parafina é montado em blocos de madeira ou cassetes de plástico e cortado em fatias finas de 15:00 a 17:00 horas usando um micrótomo. A seção fina embutida na tira de cera é primeiramente transferida para água fria, onde a longa fita de cera é dividida em porções iguais ao tamanho da lâmina de vidro. A seção, juntamente com a tira de cera, foi então transferida para um banho de água a 60 °C. No banho-maria, a faixa de cera fica lisa e, em seguida, é colocada em uma lâmina de vidro limpa. As lâminas foram incubadas a 65 °C no forno para derreter a cera extra e fixar o tecido na lâmina. Essas lâminas de vidro foram colocadas na incubadora durante a noite.

3.7. Procedimento de coloração

Depois de remover a cera do tecido, eles foram corados com eosina e hematoxilina. A coloração de eosina e hematoxilina foi preparada de acordo com o procedimento a seguir.

Hematoxilina

Os seguintes produtos químicos foram usados na preparação da hematoxilina.

Hematoxilina	2 g
Etanol absoluto	100 ml
Alúmen de amônio	3 g
Água destilada	100 ml
Glicerol	100 ml
Iodeto de sódio	0.24 g
Ácido acético	10 ml

A hematoxilina foi dissolvida em etanol. Prepare cuidadosamente uma solução de alúmen de amônio em água destilada e ferva. Após a adição da solução de hematoxilina à solução de alúmen de amônio, adicione cuidadosamente o glicerol e o iodeto de sódio e, em seguida, adicione o ácido acético, um a um, na quantidade determinada, misturando bem.

Eosina

Ele é preparado dissolvendo-se 1 g de eosina em 100 ml de etanol a 70%.

Metodologia de coloração

Para a coloração pelo método de hematoxilina e eosina, foram seguidas as seguintes etapas.

Hidratação

Essas lâminas foram desparafinizadas em xileno da seguinte forma

Xileno 1	2 a 5 minutos em temperatura ambiente
Xileno 2	2 a 5 minutos em temperatura ambiente

Paraplast removido Os tecidos hepáticos foram hidratados em soluções graduais de álcool em ordem decrescente.

100% álcool	2 a 5 minutos em temperatura ambiente
90% de álcool	2 a 5 minutos em temperatura ambiente
Álcool 70%	2 a 5 minutos em temperatura ambiente
50% de álcool	2 a 5 minutos em temperatura ambiente
30% de álcool	2 a 5 minutos em temperatura ambiente
Hematoxilina	1-2 mergulhos
Lavar com água da torneira	5 a 10 minutos até que os tecidos apresentem coloração azul.

Desidratação

Agora, as seções transversais foram desidratadas em ordem crescente em graus alcoólicos por 3 a 5 minutos.

30% de álcool	2 a 5 minutos em temperatura ambiente.
50% de álcool	2 a 5 minutos em temperatura ambiente.
Álcool 70%	2 a 5 minutos em temperatura ambiente.
90% de álcool	2 a 5 minutos em temperatura ambiente.
Eosina	1-2 mergulhos.
90% de álcool	1 mergulho.
100% álcool	2 a 5 minutos em temperatura ambiente.
Xileno	5 a 10 minutos.

Após a coloração, as lâminas foram montadas com Canada Balsam. As lamínulas foram colocadas sobre as lâminas e estas foram colocadas na incubadora durante a noite. O bálsamo do Canadá extra foi removido com xileno.

3.8. Isolamento de DNA

O DNA foi isolado usando os métodos de Bin Wu *et al.* (2005), Barone *et al.* (2006) e Gilbert *et al.* (2007). Os tecidos usados para o isolamento do DNA foram primeiramente tratados com nitrogênio líquido e armazenados a -70 °C até o início da extração do DNA. Os reagentes usados no isolamento de DNA são apresentados a seguir.

Clorofórmio

EDTA, 0,5 M

Etanol absoluto

Álcool isoamílico

Fenol

Solução salina tamponada com fosfato (PBS), 1X

Proteinase K

RNase A

Solução de dodecil sulfato de sódio (SDS), 10%

Preparação da solução necessária.

Tampão de DNA (Tris-EDTA)

1 M Tris pH 8,	20 ml
0,5 M	20 ml
esterilizada	100 ml

Proteinase K (10 mg/ml)

Dissolva 100 mg de proteinase K em 10 ml de TE por 30 minutos em temperatura ambiente (RT)

Faça uma alíquota e armazene a -20 °C

RNase A (20 mg/ml)

Dissolva 200 mg de RNase A em 10 ml de água estéril, ferva por 15 minutos e resfrie à temperatura ambiente. Faça uma alíquota e armazene a -20 °C

10xTBE (Tris Borato EDTA)

Tris	109 g
bórico	55g
EDTA	9.3g
destilada	1000ml

Carregamento de corante

0,25% de azul de bromofenol

4 g de sacarose em água

Água destilada para 10 ml

Brometo de etídio

10 mg/ml de água

Gel de agrose

1,5% de agrose em 1xTBE

Composição do tampão de lise de DNA

10 mM Tris HCl (PH.8)

EDTA 25 mM

100 mM NaCl

0,5% SDS

0,1 mg/ml de proteína quinase

Procedimento

1. Pegue de 0,1 a 0,15 g de tecido em uma bandeja e lave com o DNA Buffer.

2. Quando o tecido ficou seco ao ar, ele foi triturado em papel-alumínio usando pilão e almofariz.

3. Coloque o tecido triturado em vários tubos falcon de plástico estéreis de 15 ml.

4. Coloque 1 ml de tampão de lise de determinada composição em cada tubo e triture o tecido na presença do tampão de lise com a ajuda de um bastão de vidro.

5. Adicione 100 µl de proteinase K (10 mg/ml) e 240 µl de SDS 10%, agite suavemente e incube durante a noite a 45 °C em um banho de água.

6. Se ainda houver alguns pedaços de tecido visíveis, adicione proteinase K novamente, agite suavemente e incube por mais 5 horas a 45 °C.

7. Adicione 2,4 ml de fenol, agite com a mão por 5 a 10 minutos e centrifugue a 3000 rpm por 5 minutos a 10 °C.

8. Pipete o sobrenadante em um novo tubo; adicione 1,2 ml de fenol e 1,2 ml de clorofórmio/álcool isoamílico (24:1); agite manualmente por 5 a 10 minutos e centrifugue a 3000 rpm por 5 minutos a 10 °C.

9. Pipete o sobrenadante em um novo tubo; adicione 2,4 ml de clorofórmio/álcool isoamílico (24:1),

agite manualmente por 5 a 10 minutos e centrifugue a 3000 rpm por 5 minutos a 10 °C.

10. Pipete o sobrenadante em um novo tubo; adicione 25 µl de acetato de sódio 3 M (pH 5,2) e 5 ml de etanol, agite suavemente até que o DNA precipite.

11. Pipete a solução com cuidado para que o fio de DNA não seja perturbado.

12. Lave o DNA em etanol 70% para dissolver todas as impurezas e seque-o no fluxo laminar.

13. Dissolva o DNA no tampão T E e coloque os RNAs em cada tubo, concentrando-os a 4 °C em um agitador rotativo.

14. Meça a concentração de DNA em um espectrofotômetro a 260 e 280nm.

3.9. Estudo microscópico de luz

Seções de 3-5µm de espessura foram estudadas em microscópio composto (DIALUX 20 EB) com aumentos de 10x, 40x, 100x e foram tiradas fotografias.

3.10. Ensaio de escada de DNA

O DNA Ladder foi determinado usando o procedimento de Wu *et al.* (2005) e Baron *et al.* (2006).

1. O DNA total foi extraído do fígado sequencialmente usando uma mistura de fenol-clorofórmio-álcool isoamílico (25:24:1 v/v/v).

2. As proteínas foram removidas e o DNA foi purificado com álcool 70%.

3. A eletroforese em gel de agarose foi realizada com um gel de 1,5% contendo 1,0ug/ml de brometo de etídio.

4. Dependendo do experimento, foram carregados 5ug de DNA total por poço.

5. Os padrões de DNA (0,5 µg por poço) foram incluídos para identificar o tamanho dos fragmentos de DNA.

6. A eletroforese foi realizada por 45 minutos a 100 V, e o DNA foi observado sob iluminação fluorescente ultravioleta.

3.11. Ensaio de fragmentação de DNA com reação de difenilamina

A fragmentação do DNA do extrato do tecido hepático foi determinada usando o procedimento de He *et al.* (2001) e Wu *et al.* (2005).

Materiais

Tecido hepático 100 mg

Solução TTE Tampão TE pH 7,4 (AI) com 0,2% de tritonX-100 (4 °C)

Ácido tricloroacético (TCA) a 5% e 25%

Preparação da solução de difenilamina (DPA)

a) 2 g de difenilamina sólida (recristalizar em etanol 100%)

b) 90 ml de ácido acético glacial

c) 10 ml de con H_2SO_4

Centrífuga de células refrigerada

Placa de aquecimento

Espectrofotômetro (Smart spac™ Plus)

Banho-maria (20 °C-100 °C)

Metodologia

1. Moer 0,1 g de tecido hepático e misturá-lo à solução TTE.
2. Coloque 1,0 ml de suspensão de células em tubos identificados como B
3. As células foram centrifugadas a 200xg a 4 °C por 10 minutos
4. O sobrenadante é transferido cuidadosamente para novos tubos identificados como S
5. O pellet foi adicionado ao tubo B com 1,0 ml de solução TTE e agitado em vórtice vigorosamente
6. Para separar o DNA fragmentado da cromatina intacta, os tubos foram centrifugados a 20.000xg por 10 minutos a 4 °C
7. O sobrenadante foi transferido cuidadosamente para novos tubos identificados como T
8. Um pequeno pellet foi adicionado ao tubo B e 1,0 ml de solução TTE
9. 1,0 ml de TCA 25% adicionado a todos os tubos T, B e S e vórtex

vigorosamente

10. Em seguida, permitiu que a precipitação prosseguisse durante a noite a 4 °C.
11. Após a incubação, o DNA precipitado foi recuperado por meio de pelagem por 10 minutos a 18.000xg a 4 °C
12. Os sobrenadantes foram descartados por aspiração
13. O DNA foi hidrolisado adicionando-se 160μl de TCA a 5% a cada pellet e aquecendo-se 15 minutos a 90 °C em um bloco de aquecimento.
14. Em cada tubo, foram adicionados 320μl de solução de DPA recém-preparada e, em seguida,

agitados em vórtex. Permitiu-se que a cor se desenvolvesse por cerca de 4 horas a 37 °C.

15. A densidade óptica foi lida a 590, 600 e 620 nm com um espectrofotômetro (Smart spac™ Plus, número de catálogo 170-2525).

3.12. Estudos bioquímicos

3.12.1. Estimativa de proteínas.

A proteína solúvel total do homogenato e do sobrenadante do tecido hepático foi determinada pelo método de Lowry *et al.* (1951)

Reagentes

Tampão de fosfato

Diidrogênio fosfato de potássio (0,1M)	80 ml
Hidrogênio fosfato dissódico (0,1M)	420 ml

Proteína padrão

Albumina de soro bovino	1 mg/ml

Solução alcalina de cobre

Nessa solução (50:1), foram adicionados 50 volumes de solução (A) e 1 volume de solução (B).

Solução A

Carbonato de sódio	2 g
Tartarato de sódio e potássio	1 g
Hidróxido de sódio	0.4g
Água destilada	100 ml

Solução B

Sulfato de cobre	0.5 g
Água destilada	100 ml

Reagente de fenol Folin ciocalteau

Folin cicalteu fenol+dH2O (1:1) foram preparados imediatamente antes do uso.

Procedimento

a) 50-80 mg de tecido hepático misturados em 4 volumes de tampão de fosfato e homogeneizados em banho de gelo durante todo o processo.

b) O homogenato é então centrifugado a 10.000 rpm por 20 minutos a 4 °C.

c) O sobrenadante é decantado e guardado para o ensaio de proteína.

d) O sobrenadante salvo é diluído em 5 vezes, se necessário, em tampão fosfato 0,1M (pH, 7,4).

e) Em seguida, 1 ml de solução alcalina de cobre foi adicionado a cada tubo de amostra e misturado completamente.

f) Após 10 minutos, 0,1 ml de reagente de fenol 1:1 folin ciocalteau foi adicionado a cada tubo.

g) Misture bem no vórtex e incube por 30 minutos em temperatura ambiente.

h) Em seguida, a densidade óptica foi observada a 500, 595 e 650 nm no espectrofotômetro smart spec™.

i) Para a curva padrão, a albumina de soro bovino foi dissolvida 10 mg/ml em tampão fosfato da mesma concentração usada para as amostras e, em seguida, suas diluições seriadas adicionais foram usadas e a curva padrão foi feita a partir de seus valores O.D.

j) A concentração de proteína solúvel foi calculada em mg/ml pela comparação dos valores padrão de O.D com a válvula de amostra.

k) A quantidade de proteína foi expressa como mg/ml de homogêneo de tecido em tampão fosfato.

3.12.2. Estimativa de enzimas antioxidantes

Tecido hepático de 20-30 mg foi pesado e triturado em 1,5 ml de tampão fosfato 50 mM (pH 7,8) e centrifugado a 15.000xg por 20 minutos a 4 °C. O sobrenadante foi armazenado a 4 °C e usado para a determinação das atividades das enzimas.

3.12.3.1. Superóxido dismutase (SOD) (EC No.1.15.1.1)

A atividade da SOD foi avaliada usando o protocolo de Beyer e Fridovich (1987) para medir sua capacidade de inibir a redução fotoquímica do nitroblue tetrazolium (NBT). A solução de reação (3 ml) continha. Os reagentes usados no processo são:

50pM NBT

1,3pM de riboflavina

Metionina 13 mM

75nM EDTA

Tampão de fosfato 50 mM (pH 7,8)

20-50µl de extrato enzimático

- Um conjunto de tubos de ensaio contendo a solução de reação foi irradiado sob uma luz (lâmpadas fluorescentes de 15 W) a 78μM $m^{-2} s^{-1}$ por 15 minutos
- Enquanto o outro conjunto de tubos de ensaio foi embrulhado em papel-alumínio por 15 minutos sem luz (no escuro).
- O terceiro tubo contém apenas produtos químicos de reação e não tem nenhum extrato de enzima.
- A absorbância dos três tipos de tubos foi anotada a 650nm em um espectrofotômetro SmartSpec™ Plus (catálogo nº 170-2525).
- Uma unidade de atividade da SOD foi definida como a quantidade de enzima que causou 50% de inibição da redução fotoquímica do NBT.

Os dados foram registrados em cinco ratos selecionados aleatoriamente de cada grupo.

3.12.3.2. Atividade de peroxidase (POD) (EC No.1.11.1.7)

A atividade da POD foi avaliada usando o protocolo de Chance e Maehly. (1955) usando o método de oxidação do guaiacol.

A solução de reação de POD (2,2 ml) continha os seguintes reagentes:

Tampão de fosfato 50 mM (pH 5,0)

20 mM guaiacol

0,1 ml 40 mM H_2O_2

0,1 ml de extrato enzimático

As alterações na absorbância da solução de reação a 470nm (espectrofotômetro SmartSpec™ Plus, catálogo nº 170-2525) foram determinadas a cada 20 segundos.

Uma unidade de atividade de POD foi definida como uma alteração de absorbância de 0,01 unidade min^{-1}

Os dados foram registrados em seis ratos selecionados aleatoriamente de cada grupo.

3.12.3.3. Atividade de catalase (CAT) (E.C. No.1.11.1.6)

As atividades de CAT foram medidas usando o método de Manna *et al.* (2006) com algumas modificações.

A solução de reação CAT 2,2 ml continha

2 ml de tampão de fosfato 50 mM (pH 7,0)

0,1 ml 5,9 mM H_2O_2

0,1 ml de extrato enzimático

A reação foi iniciada com a adição de H_2O_2 à solução de reação. As alterações na absorbância da solução de reação em 240 nm (SmartSpec™ Plus Spectrophotometer, catálogo nº 170-2525) foram observadas a cada 30s. Uma unidade de atividade CAT foi definida como uma alteração de absorbância de 0,01 unidade min^{-1}. Os dados foram registrados em seis ratos de cada grupo.

3.12.3.4. Atividade da ascorbato peroxidase (APX) (EC NO.1.11.1.11)

A atividade da ascorbato peroxidase foi determinada usando o método descrito por Nakano *et al.* (1981).

Mistura de reação de ascorbato peroxidase com 3 ml

Tampão de fosfato de potássio 50 mM (pH 7,0)

0,1 mM EDTA

0,5 mM Ascorbato

0,1 mM H_2O_2

0,1 ml Extrato de enzima

A oxidação do ascorbato dependente de peróxido de hidrogênio foi seguida por uma diminuição na absorbância a 290 nm. (Espectrofotômetro SmartSpec™ Plus, catálogo nº 170-2525). A atividade da APX foi expressa como pmol de ascorbato oxidado min^{-1} mg^{-1} de proteína.

3.12.3.5. Estimativa da peroxidação de lipídios (TBARS)

O ensaio de peroxidação de lipídios microssomais foi feito de acordo com o método de Wright *et al.* (1981), modificado por Iqbal *et al.* (1996). A mistura de reação em um volume total de 1,0 ml continha 0,58 ml de tampão fosfato (0,1 M, pH 7,4), 0,2 ml de microssomos, 0,2 ml de ácido ascórbico (100 mM), 0,02 ml de cloreto férrico (100 mM). A mistura de reação foi incubada a 37 °C em um banho-maria com agitação por 1 hora. A reação foi interrompida com a adição de 1,0 ml de ácido tricloroacético a 10%. Após a adição de 1,0 ml de ácido tiobarbitúrico a 0,67%, todos os tubos foram colocados em um banho de água fervente por 20 minutos e, em seguida, transferidos para um banho de gelo picado antes de serem centrifugados a 2500xg por 10 minutos. A quantidade de malonaldeído formada em cada uma das amostras foi avaliada medindo-se a densidade óptica do sobrenadante a 535 nm usando um espectrofotômetro (Milton Roy 21 D) contra um branco de reagente. Os resultados foram expressos como nmol TBARS formado/min/mg de tecido a 37 °C usando o coeficiente de extinção molar de $1,56x10^5$/M cm.

3.12.3.6. Ensaio para glutationa reduzida (GSH)

A atividade da glutationa reduzida foi determinada pelo método de Carlberg e Mannervik (1975). A mistura de reação consistiu em 1,65 ml de tampão fosfato (0,1 M, pH 7,6), 0,1 ml de EDTA (0,5 mM), 0,05 ml de glutationa oxidada (1 mM), 0,1 ml de NADPH (0,1 mM) e 0,1 ml de PMS 10% em um volume total de 2 ml. A atividade enzimática foi quantificada a 25 °C medindo o desaparecimento de NADPH a 340 nm e foi calculada como nmol NADPH oxidado/min mg de proteína usando o coeficiente de extinção molar de 6,22 $x10^3$/M cm.

3.12.3.7. Ensaio para atividade da glutationa-S-transferase (GST)

A atividade da glutationa-S-transferase foi testada pelo método de Habig *et al.* (1974). A mistura de reação consistiu em 1,475 ml de tampão fosfato (0,1 M, pH 6,5), 0,2 ml de glutationa reduzida (1 mM), 0,025 ml de CDNB (1 mM) e 0,3 ml de PMS (10% (p/v) em um volume total de 2,0 ml. As alterações na absorbância foram registradas em 340 nm e a atividade das enzimas foi calculada como nM de conjugado CDNB formado/min mg de proteína usando um coeficiente de extinção molar de 9,6*10^3/M cm.

3.13. Estimativa de enzimas marcadoras de membrana

3.13.1. Fosfatase alcalina (ALP)

Foram adicionados Q,5 ml de substrato de fosfato de p-nitrofenol a Q,4% e Q,5 ml de tampão de glicina (pH 1Q,5) em tubos marcados como branco e teste. Os tubos foram colocados em banho-maria a 37 °C por 5 minutos. A reação foi iniciada com a adição de Q,1 ml de soro ou homogenato de fígado e água destilada aos tubos de teste e branco, respectivamente, e o tempo foi anotado. Exatamente após 3Q minutos de incubação a 37 °C, a reação foi interrompida pela adição de hidróxido de sódio. Os tubos foram bem misturados e a cor desenvolvida foi lida a 41Q nm contra o branco do reagente. Em seguida, Q,1 ml de ácido clorídrico concentrado foram adicionados ao branco e ao teste, bem misturados e lidos a 4QQ nm em relação ao branco do reagente. A atividade da ALP é expressa em termos de µmoles de p-nitrofenol formado por hora por miligrama de proteína (Walter e Schutt, 1974).

3.13.2. Fosfatase ácida (ACP)

Em tubos de vidro transparentes marcados com branco e teste, foram adicionados Q,5 ml de substrato de p-nitrofenil fosfato Q,4%, Q,5 ml de tampão citrato 1,Q M (pH 4,85) e Q,2 ml de DL-tartarato Q,2M. Os tubos foram incubados a 37 °C em um banho-maria por 5 minutos. A reação foi iniciada com a adição de Q,1 ml de soro ou homogenato de fígado e água aos tubos de teste e branco, respectivamente, e o tempo foi anotado. Exatamente após 3Q minutos de incubação a 37 °C, a reação foi interrompida pela adição de 3,8 ml de Q,1 N NaOH. O produto da reação, p-nitrofenol, foi medido espectrofotometricamente a 415 nm contra um branco de reagente. A atividade da enzima foi expressa como micromoles de p-nitrofenol formado por hora por miligrama de proteína (Walter e Schutt, 1974).

3.13.3. Aspartato transaminase (AST)

Um mililitro de substrato tamponado foi incubado por 1Q min a 37 °C. Em seguida, foram adicionados Q,2 ml da enzima e a incubação foi continuada por uma hora. Nos tubos de controle, a enzima foi adicionada depois de interromper a reação com 1,Q ml de DNPH e os tubos foram mantidos em temperatura ambiente por 20 minutos. Em seguida, foram adicionados 5,0 ml de NaOH 0,4 N. Um conjunto de piruvato padrão também foi tratado de maneira semelhante. A cor desenvolvida foi lida a 540 nm. A atividade enzimática foi expressa como micromoles de piruvato liberado por miligrama de proteína por minuto (King, 1965).

3.13.4. Alanina transaminase (ALT)

Um mililitro do substrato tamponado foi incubado por 10 minutos a 37 °C. Em seguida, foi adicionado 0,2 ml de enzima. Os tubos foram incubados a 37 °C por 30 minutos. Nos tubos de controle, as enzimas foram adicionadas após a interrupção da reação com 1,0 ml de DNPH e os tubos foram mantidos em temperatura ambiente por 20 minutos. Em seguida, foram adicionados 5,0 ml de NaOH 0,4 N. Um conjunto de piruvato padrão também foi tratado de maneira semelhante. A cor desenvolvida foi lida a 540 nm. A atividade enzimática foi expressa como moles de piruvato liberados por miligrama de proteína por minuto (King, 1965).

3.14. Análise estatística

Para determinar o efeito do tratamento sobre os teores de proteína solúvel, a fragmentação do DNA e a atividade das enzimas antioxidantes, foi realizada uma análise de variância (ANOVA) de uma via pelo software SPSS 13.0. O nível de significância entre os vários tratamentos foi determinado pelo LSD com alfa de 0,05% e intervalo de confiança de 95%.

Capítulo 4. Resultados

Este estudo foi realizado para determinar o efeito hepatoprotetor do extrato metanólico da planta *Digera muricata* contra a hepatotoxicidade induzida por acrilamida em nível histológico, bioquímico e molecular em ratos. Os resultados obtidos estão descritos abaixo.

4.1. Efeito do extrato no peso do corpo e do fígado

Os efeitos de várias doses sobre o peso corporal dos ratos são mostrados na tabela 1. O tratamento com acrilamida diminuiu o peso corporal após 15 dias, mas foi recuperado após o experimento em comparação com o controle. Várias doses do extrato metanólico aumentaram o peso corporal em comparação com a acrilamida de maneira dependente da dose. O tratamento do extrato metanólico sozinho aumentou significativamente o peso corporal em comparação com o grupo de controle. O peso corporal foi significativamente reduzido com o tratamento com DMSO em comparação com o grupo de controle.

O peso do fígado aumentou significativamente com o tratamento com acrilamida aos 15 dias e após o experimento em comparação com o grupo de controle (Tabela 1). Entretanto, os tratamentos com extrato metanólico diminuíram o peso do fígado de maneira dependente da dose.

4.2. Histopatologia

As características histopatológicas do fígado de todos os grupos experimentais foram observadas após as colorações de hematotoxilina e eosina. Foram encontradas variações acentuadas em todos os grupos.

4.2.1. Grupo de controle

No caso do grupo de controle, todos os hepatócitos têm morfologia normal. Os núcleos nos hepatócitos são de tamanho uniforme, com padrão normal de cromatina intacta e núcleos localizados centralmente. Os núcleos também apresentam uniformidade com cromatina mais grossa. O citoplasma celular é uniformemente granular com contorno celular claro. A lâmina dos hepatócitos estava regularmente disposta com trilha portal normal.

4.2.2. Grupo tratado com acrilamida

A histologia do grupo tratado com acrilamida foi totalmente diferente do grupo de controle. Houve alterações acentuadas de gordura na seção geral. Todos os hepatócitos apresentaram arquitetura perturbada devido a essas alterações acentuadas de gordura. Alguns dos núcleos apresentaram alterações degenerativas na membrana nuclear. O material da cromatina não era uniforme nos núcleos, mostrando uma natureza aglomerada. Evidentemente, foi observada uma limpeza do citoplasma com aparência espumosa e borbulhante. Em algumas das áreas, os contornos celulares não foram distinguidos, enquanto em outras áreas o pleiomorfismo nuclear também foi evidente. As principais alterações observadas principalmente nos grupos tratados com acrilamida foram os vasos sanguíneos congestionados com o epitélio perturbado.

4.2.3. Grupos tratados com extrato de metanol

No caso dos grupos tratados com extrato de metanol, as alterações de gordura induzidas e a dilatação dos vasos sanguíneos foram menos acentuadas em comparação com o grupo tratado com acrilamida. Esses efeitos foram mais pronunciados com o tratamento de dose mais alta, 200mg/kg. A morfologia dos hepatócitos também foi uniforme. O citoplasma também era granular. Havia núcleos uniformes presentes em todos os hepatócitos. O material da cromatina estava normalmente corado. O contorno celular estava normal.

Tabela 1. Efeitos do extrato metanólico de *Digera muricata* sobre o peso corporal e hepático de ratos

Groups	Treatments	Body weight (g)	Liver weight (g)
1	Control	145.50±5.20++	4.55±0.22++
2	DMSO	142.67± 6.47+**	4.88±0.2**++
3	Met. Extract 200mg/kg b.w.	155.83 ±4.84**	4.84±0.31**++
4	Acrylamide 6mg/kg b.w.(15)	135.50± 8.37++**	7.39±0.22**++
5	After Experiment	141.00 ±11.97++**	10.38±0.45**
6	Acrylamide+100mg Met.Extract	138.17 ±9.99**	8.68±0.17**++
7	Acrylamide+150mg Met.Extract	140.33 ± 6.61+**	4.43±0.33**+
8	Acrylamide+200mg Met.Extract	142.00 ± 6.32**	5.78±0.00**+

Média ± S.E. (n=6)

*,** indicam significância a P<0,05 e P<0,01 de probabilidade em relação ao grupo de controle.

+,++ indicam significância com probabilidade de P<0,05 e P<0,01 em relação ao grupo da acrilamida (15).

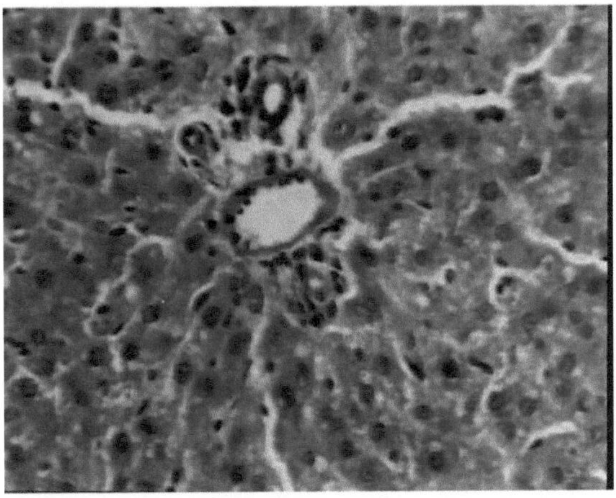

Fig.1. Coloração de hematoxilina e eosina 40X. Seção representativa de fígado de rato controle

mostrando centríolos e hepatócitos normais.

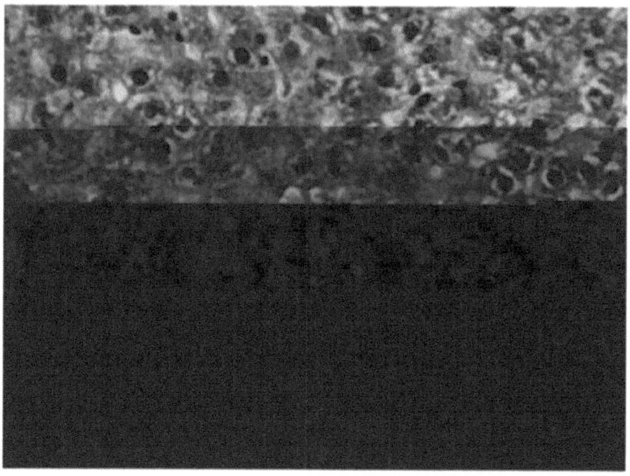

Fig.2. Hematoxilina e eosina coradas em 40X. Seção representativa do fígado do grupo da acrilamida mostrando a arquitetura interrompida do lóbulo e dos hepatócitos.

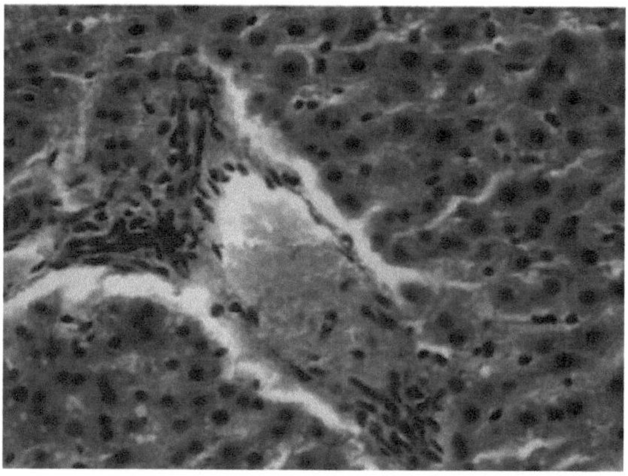

Fig.3. Coloração de hematoxilina e eosina 40X. Seção representativa do fígado do grupo tratado com acrilamida mostrando necrose centrilobular, vasos sanguíneos congestionados e degeneração gordurosa dos hepatócitos.

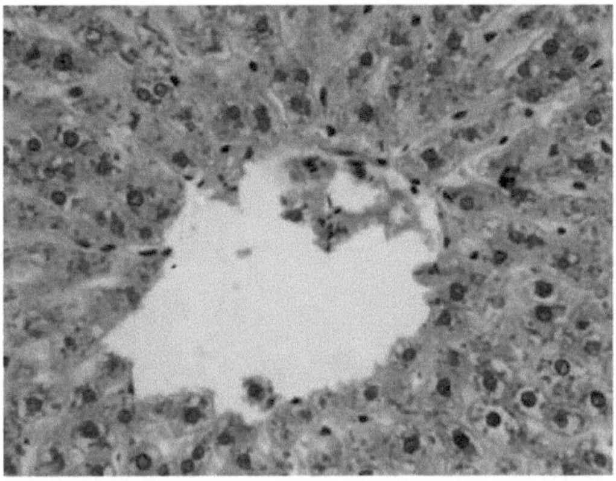

Fig.4. Coloração de hematoxilina e eosina 40X. Seção representativa do fígado do grupo tratado com acrilamida após o experimento mostrando necrose centrilobular, vasos sanguíneos congestionados e degeneração gordurosa dos hepatócitos.

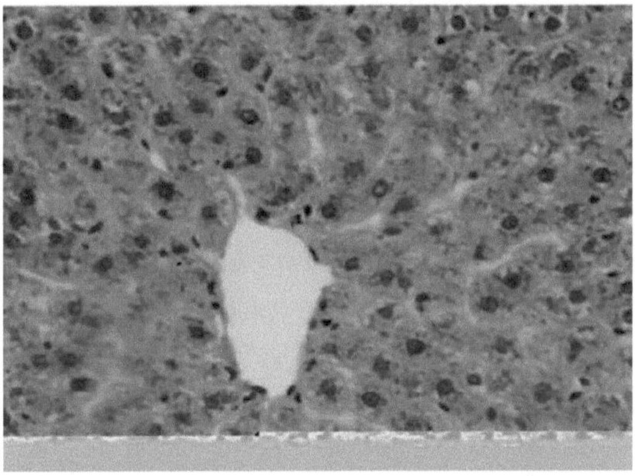

Fig.5. Coloração de hematoxilina e eosina 40X. Seção representativa do fígado do grupo tratado com acrilamida + extrato de 100 mg/kg mostrando centríolo acentuado e baixo nível de degeneração gordurosa dos hepatócitos.

Fig.6. Coloração de hematoxilina e eosina 40X. Seção representativa do fígado do grupo tratado com acrilamida + 150 mg/kg de extrato mostrando recuperação acentuada do centríolo e baixo nível de degeneração gordurosa dos hepatócitos.

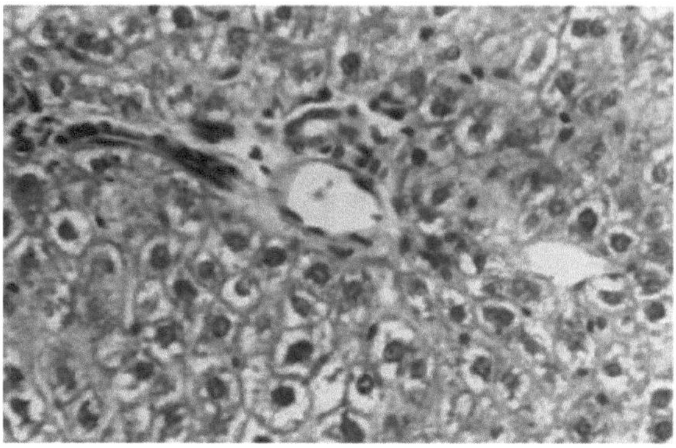

Fig.7. Coloração de hematoxilina e eosina 40X. Seção representativa do fígado do grupo tratado com acrilamida + extrato de 200 mg/kg mostrando recuperação acentuada do centríolo e nível mínimo de degeneração gordurosa dos hepatócitos.

4.4. Estudo bioquímico de enzimas antioxidantes

4.4.1. Atividade da catalase (CAT)

Os dados da atividade da catalase no homogenato de fígado foram mostrados na tabela 2. O tratamento com acrilamida diminuiu significativamente a atividade da catalase por 15 dias, bem como após o experimento, em comparação com o grupo de controle de ratos. O tratamento de várias concentrações do extrato metanólico de *Digera muricata* melhorou os efeitos da acrilamida e a atividade da catalase foi aumentada de maneira dependente da dose. A dose mais alta (200mg/kg) melhorou de forma abrangente os efeitos da acrilamida e a atividade da catalase foi quase semelhante à do grupo de controle. O DMSO e o extrato isoladamente não alteraram significativamente a atividade da catalase no homogenato de fígado.

4.4.2. Atividade de peroxidase (POD)

Os efeitos de vários tratamentos sobre a atividade da peroxidase no homogenato de fígado obtido nesse experimento são mostrados na tabela 2. A atividade da peroxidase foi reduzida com o tratamento com acrilamida por 15 dias e também após o experimento, em comparação com o grupo de controle. O co-tratamento do extrato metanólico de *Digera muricata* em várias doses eliminou os efeitos da toxicidade da acrilamida e a atividade da peroxidase aumentou de forma dependente da dose. A atividade da peroxidase não foi afetada pelo tratamento com DMSO e com o extrato isolado.

4.4.3. Atividade da superóxido dismutase (SOD)

O tratamento com acrilamida diminuiu significativamente a atividade da SOD no homogenato de fígado por 15 dias, bem como após o período experimental, em comparação com o grupo de controle de ratos (Tabela 2). Os efeitos tóxicos induzidos pela acrilamida foram eliminados com o tratamento do extrato de *Digera muricata* e o aumento da atividade da peroxidase foi observado nesses grupos de maneira dependente da dose. O tratamento de DMSO e o extrato isolado não alteraram a atividade da peroxidase nesse experimento.

4.4.4. Atividade da ascorbato peroxidase (APX)

A atividade da APX no fígado de ratos foi significativamente reduzida com a acrilamida após 15 dias e também após o experimento, em comparação com o grupo de controle (Tabela 3).

Foram observados efeitos melhorados com várias concentrações do extrato metanólico de *Digera muricata*, e a atividade da APX foi acentuadamente aumentada em comparação com os grupos de acrilamida de maneira dependente da dose. O tratamento com DMSO e o extrato isolado não alteraram significativamente a atividade da APX em comparação com o grupo de controle.

4.4.5. Conteúdo de glutationa reduzida (GSH)

O conteúdo de glutationa reduzida diminuiu significativamente no fígado de ratos com o tratamento com acrilamida em comparação com o grupo de controle (Tabela 3). Diferentes doses do extrato metanólico de *Digera muricata* eliminaram os efeitos da acrilamida no fígado e os teores de glutationa reduzida aumentaram acentuadamente de maneira dependente da dose. O DMSO e o extrato isolado não tiveram efeitos sobre os teores de glutationa reduzida no fígado de ratos em comparação com o grupo de controle.

4.4.6. Peroxidação de lipídios (TBARS)

A peroxidação lipídica aumentou com o tratamento de acrilamida no fígado de ratos em comparação com o grupo de controle (Tabela 3). No entanto, a peroxidação lipídica foi reduzida com as diferentes doses do extrato metanólico da *Digera muricata* e os teores de substâncias reativas ao ácido tiobarbitúrico foram reduzidos de forma dependente da dose em relação ao grupo da acrilamida. O tratamento com DMSO e com o extrato isolado não alterou significativamente o conteúdo de TBARS em comparação com o grupo de controle.

Tabela 2. Efeitos do extrato metanólico de *Digera muricata* sobre a atividade de CAT, POD e SOD no fígado de ratos

Groups	Treatments	CAT U/min	POD U/min	SOD U/mg protein
1	Control	7.60±0.25++	2.85±0.09++	0.57±0.02++
2	DMSO	7.82±0.07++	2.93±0.02++	0.58±0.005++
3	Met. Extract 200mg/kg b.w.	7.57±0.32++	2.77±0.12++	0.53±0.02++
4	Acrylamide 6mg/kg b.w.(15)	4.43±0.37**	1.80±0.226**	0.32±□□□0.02**
5	After Experiment	3.28±0.08**	1.49±0.24**	0.25±0.01**
6	Acrylamide+100mg Met.Extract	4.08±0.22**	1.53±0.08**	0.30±□□0.01**
7	Acrylamide+150mg Met.Extract	6.38±0.19++*	2.390.07++*	0.47±0.01+*
8	Acrylamide+200mg Met.Extract	7.51±0.20++	2.81±0.0766++	0.56±0.01++

Média ± S.E. (n=6)

*,** indicam significância a P<0,05 e P<0,01 de probabilidade em relação ao grupo de controle.

+,++ indicam significância com probabilidade de P<0,05 e P<0,01 em relação ao grupo da acrilamida (15).

Tabela 3. Efeitos do extrato metanólico de *Digera muricata* sobre a atividade de APX, GSH e TBARS no fígado de ratos.

Groups	Treatments	APX U/mg protein	GSH nmol/mg protein	TBARS nmol/mg protein
1	Control	1.18±□0.04++	0.71±0.27++	71.28±2.37++
2	DMSO	1.22±0.01++	0.73±0.007++	73.37±0.73++
3	Met. Extract 200mg/kg b.w.	1.15±0.05++	0.68±0.03++	71.19±3.01++
4	Acrylamide 6mg/kg b.w.(15)	0.77±0.002**	0.46±0.001**	46.40±0.17**
5	After Experiment	0.51±0.01++**	0.30±0.007++**	30.83±0.77++**
6	Acrylamide+100mg Met.Extract	0.63±□□□0.03+**	0.38±0.02+**	38.29±2.09++**
7	Acrylamide+150mg Met.Extract	0.84±0.03++**	0.50±0.01++**	52.82±1.80++**
8	Acrylamide+200mg Met.Extract	1.09±0.03++**	0.59±0.02++**	59.86±2.21++*

Média ± S.E. (n=6)

*,** indicam significância a P<0,05 e P<0,01 de probabilidade em relação ao grupo de controle.

+,++ indicam significância com probabilidade de P<0,05 e P<0,01 em relação ao grupo da acrilamida (15).

4.5. Enzimas da função hepática

4.5.1. Aspartato aminotransferase (AST)

O nível de aspartato aminotransferase foi determinado para vários tratamentos a partir do soro do sangue da taxa, conforme mostrado na tabela 4. O tratamento com acrilamida aumentou significativamente o nível de AST no soro em comparação com o grupo de controle. Entretanto, sua atividade no soro foi normalizada com o tratamento do extrato metanólico de *Digera muricata* em ambas as doses mais altas. O DMSO e o extrato isolado não alteraram estatisticamente o nível de AST no soro em comparação com o grupo de controle.

4.5.2. Alanina aminotransferase (ALT)

O nível sérico de ALT em ratos com diferentes tratamentos é mostrado na tabela 4. O tratamento com acrilamida em ratos lesionou os hepatócitos e o nível de ALT aumentou significativamente em comparação com o grupo de controle. O co-tratamento das várias doses do extrato metanólico de *Digera muricata* melhorou os efeitos tóxicos da acrilamida e o nível sérico de ALT diminuiu acentuadamente de forma dependente da dose. O tratamento com DMSO e com o extrato isoladamente não causou nenhuma alteração significativa no nível sérico de ALT nesse experimento.

4.5.3. Fosfatase alcalina (ALP)

A alteração no nível de ALP no soro de ratos com vários tratamentos é mostrada na tabela 4. O tratamento de ratos com acrilamida aumentou significativamente o nível sérico de ALP em comparação com o controle. No entanto, o nível sérico de ALP diminuiu acentuadamente com o tratamento de várias doses do extrato de *Digera muricata* em comparação com o grupo da acrilamida. O DMSO aumentou o nível sérico de ALP, enquanto o extrato sozinho não alterou estatisticamente o nível de ALP em comparação com o controle.

4.5.4. Fosfatase ácida (ACP)

O nível sérico de ACP aumentou significativamente em ratos tratados com acrilamida (Tabela 4) em comparação com o grupo de controle. Várias doses do extrato metanólico da *Digera muricata* reduziram significativamente o nível sérico de ACP em comparação com o grupo da acrilamida. Entretanto, o DMSO e o extrato isolado não alteraram estatisticamente o nível de ACP em comparação com o grupo de controle.

4.6. Conteúdo de proteínas no fígado

Os teores de proteína aumentaram com a acrilamida nos tecidos do fígado dos ratos em comparação com o grupo de controle (Tabela 5). No entanto, o tratamento das várias doses do extrato metanólico de *Digera muricata* eliminou os efeitos tóxicos da acrilamida e os teores de proteína diminuíram acentuadamente em comparação com o grupo da acrilamida. No entanto, os teores de proteína não foram significativamente alterados com o tratamento de DMSO e extrato isolado em comparação com o grupo de controle.

4.7. Fragmentação do DNA%

A% de fragmentação do DNA obtida com vários tratamentos nos tecidos do fígado é mostrada na tabela 5. O tratamento com acrilamida aumentou significativamente a% de fragmentação do DNA em comparação com o grupo de controle. No entanto, ela foi reduzida acentuadamente com as várias doses do extrato metanólico da *Digera muricata* em comparação com o grupo da acrilamida de maneira dependente da dose. O tratamento com DMSO e o extrato isolado não alteraram significativamente a % de fragmentação do DNA em comparação com o grupo de controle.

4.8. Ensaio de escada de DNA

Houve muitas variações no extrato de DNA genômico do tecido hepático de todos os grupos experimentais de ratos. No caso do grupo de controle, o DNA genômico apresentou uma única banda nítida. Não houve degradação e o padrão de cauda não foi obtido com o DNA genômico. No caso dos ratos tratados com acrilamida, a amostra de DNA mostrou um tipo peculiar de padrão contínuo de fragmentação de DNA de até 100 pb, que não foi observado no grupo de controle. O DNA extraído do tecido hepático dos ratos tratados com o extrato da planta reparou significativamente o dano ao DNA, diminuindo assim a fragmentação da cauda do DNA no gel. Efeitos mais pronunciados foram obtidos com a dose mais alta de 200mg/kg nesse experimento.

Tabela 4. Efeitos do extrato metanólico de *Digera muricata* sobre a atividade de AST, ALT, ALP e ACP no fígado de ratos.

Groups	Treatments	AST	ALT	ALP	ACP
1	Control	2.74±0.06++	1.64±0.04++	2.74±0.06++	8.24±0.20++
2	DMSO	3.40±0.18++	2.04±0.11++	3.26±0.182++*	9.80±0.54++
3	Met. Extract 200mg/kg b.w.	2.90±0.11++	1.74±0.07++	2.95±0.10++	8.86±0.30++
4	Acrylamide 6mg/kg b.w.(15)	4.52±0.20**	2.71±0.18**	4.52±0.197**	13.56±0.60**
5	After Experiment	6.40±0.26++**	3.83±0.16++**	6.40±0.26++**	19.17±0.80++**
6	Acrylamide+100mg Met.Extract	5.31±0.160++**	3.20±0.09+**	5.31±0.16+**	15.95±0.480++**
7	Acrylamide+150mg Met.Extract	3.40±0.18++	2.03±0.10++	3.37±0.20+*	10.13±0.58++*
8	Acrylamide+200mg Met.Extract	3.40±0.05++	2.04±0.03++	3.40±0.05+*	10.20±0.16++*

Média ± S.E. (n=6)

*,** indicam significância a P<0,05 e P<0,01 de probabilidade em relação ao grupo de controle.

+,++ indicam significância com probabilidade de P<0,05 e P<0,01 em relação ao grupo da acrilamida (15).

Tabela 5: Efeitos do extrato metanólico de *Digera muricata* sobre a proteína e a% de fragmentação do DNA no fígado de ratos.

Groups	Treatments	Protein µg/mg tissue	DNA fragmentation%
1	Control	0.28±0.009++	60.28±0.15++
2	DMSO	0.29±0.002++	62.13±0.18++
3	Met. Extract 200mg/kg b.w.	0.28±0.01++	60.45±0.15++
4	Acrylamide 6mg/kg b.w.(15)	0.35±0.00*	77.65±0.43**
5	After Experiment	0.43±0.04**	75.37±0.17**
6	Acrylamide+100mg Met.Extract	0.40±0.02**	72.28±0.03++**
7	Acrylamide+150mg Met.Extract	0.37±0.01*	69.39±0.05++**
8	Acrylamide+200mg Met.Extract	0.31±0.02	65.64±0.22++*

Média ± S.E. (n=6)

*,** indicam significância a P<0,05 e P<0,01 de probabilidade em relação ao grupo de controle.

+,++ indicam significância com probabilidade de P<0,05 e P<0,01 em relação ao grupo da acrilamida (15).

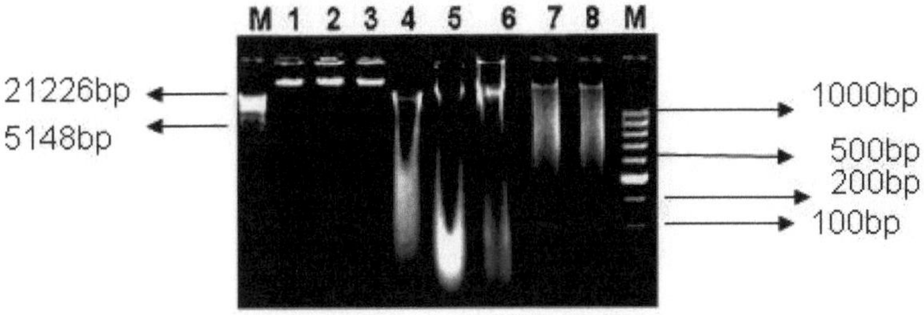

Fig. 8. Gel de agarose mostrando danos ao DNA por acrilamida e efeito protetor do extrato da planta em diferentes grupos. M indica marcador, 1, 2, 3 indicam controle sem tratamento, controle DMSO e grupo de extrato. 4, 5 mostram o grupo de tratamento com acrilamida por 15 dias e o grupo de tratamento com acrilamida por 30 dias , respectivamente. 6, 7, 8 indicam grupos tratados com extrato de 100mg/kg, 150mg/kg e 200mg/kg.

Capítulo 5. Discussão

O presente estudo foi conduzido para investigar a importância médica de uma planta herbácea comum, *Digera muricata*, que é comumente conhecida como "Tandla". Os extratos metanólicos da "Tandla" desempenham um papel significativo na reparação das lesões do fígado induzidas pelo tratamento com acrilamida. Uma melhora muito significativa foi observada em diferentes parâmetros desse experimento, que são os seguintes:

5.1 Fígado e peso corporal

No presente estudo, foi observado um aumento no peso do fígado no grupo da acrilamida em comparação com o grupo de controle. O grupo tratado com o extrato elimina os efeitos dos danos da acrilamida no fígado e mantém o peso do fígado em comparação com o grupo de controle. Esse aumento no peso do fígado pode ser devido à fibrose e à infiltração de células no grupo da acrilamida. Esses resultados estão relacionados com o estudo de Maniere *et al.* (2005), no qual eles encontraram um aumento no peso do fígado de ratos Sprague Dawley machos tratados com acrilamida em comparação com o grupo de controle. A recuperação do peso do fígado do grupo tratado com extrato mostra o efeito curativo do extrato *de Digera muricata.* Foi observada uma diminuição no peso corporal do grupo tratado com acrilamida em comparação com o grupo de controle. No entanto, o extrato de *Digera muricata* repara o dano induzido pela acrilamida e o peso corporal aumenta em comparação com o grupo tratado com acrilamida. Esses resultados estão de acordo com Khan (1999), que afirma que há uma diminuição dependente da dose no peso corporal médio de ratos tratados com acrilamida. Nossos achados também estão relacionados com Jeffery *et al.* (2004) e Maniere *et al.* (2005), em que o peso corporal de ratos tratados com acrilamida diminui em comparação com o grupo de controle.

5.2. Histologia

A histopatologia do presente estudo indicou os efeitos tóxicos causados pela acrilamida nos tecidos do fígado. O tratamento com acrilamida causa necrose centrilobular, vacularização e alterações gordurosas macrovasculares. No presente estudo, o principal efeito da acrilamida foram as alterações gordurosas proeminentes, a congestão nos vasos sanguíneos, a limpeza do citoplasma com aparência espumosa e a degeneração nuclear em algumas áreas, que foram significativamente recuperadas pelo extrato bruto derivado do metanol de *Digera muricata.* Esse estudo revelou que o extrato testado de *Digera muricata* apresentou um efeito protetor significativo contra a hepatotoxicidade induzida pela acrilamida, o que pode ser atribuído à ação individual ou combinada dos fitoconstituintes presentes nele. O componente do extrato responsável por esse mecanismo de efeito, entretanto, ainda não foi investigado. As descobertas atuais fornecem evidências científicas para o uso etanomedicinal dessa planta.

Também há vários estudos nos quais foram usados produtos químicos específicos derivados de plantas, como a curcumina (Zakria *et al.*, 2004), o kolaviron (Oluwaqtosin *et al.*, 2000) ou sintéticos, como o Liv.52 e o Kumarysava (Kataria e Singh, 1997), contra os efeitos tóxicos da acrilamida. Em todos os estudos mencionados acima, a acrilamida causa necrose centrilobular, vacularização e alterações gordurosas macrovasculares. Em alguns dos estudos, foram observadas alterações hidrofóbicas nos hepatócitos centrilobulares e necrose de célula única cercada por neutrófilos, congestão das veias centrais e cinócitos com grau leve a moderado de alterações gordurosas, que foram recuperadas em diferentes níveis pelo tratamento com fitoquímicos.

5.3. Proteínas e enzimas antioxidantes

Todos os organismos têm um mecanismo de defesa especial para atenuar os efeitos dos compostos tóxicos nos tecidos. O sistema de defesa consiste em várias enzimas antioxidantes que eliminam os radicais livres, pois os radicais livres causam a peroxidação das macromoléculas das células. Os resultados obtidos nesse estudo indicaram que a atividade da superóxido dismutase (SOD), da peroxidase (POD), da catalase (CAT) e da ascorbato peroxidase (APX) foi significativamente reduzida no grupo tratado com acrilamida em comparação com o grupo de controle. Esses achados sugerem que a toxicidade da acrilamida diminui a produção de SOD, POD, APX e GSH, o que, por sua vez, aumenta o nível de espécies reativas de oxigênio. Em seguida, essas espécies reativas de oxigênio causam danos aos tecidos. Esses resultados estão relacionados com o trabalho de Szymonik-Lesiuk *et al.* (2003). Eles estudaram o nível de enzimas antioxidantes nos tecidos do coração, fígado, cérebro e rim tratados com acrilamida. Houve uma diminuição acentuada no nível de SOD e POD. Nkosi *et al.* (2006) também relataram os mesmos resultados, ou seja, o nível de enzimas antioxidantes diminuiu nos tecidos do fígado tratados com acrilamida. Tirkey *et al.* (2005) também relataram o estresse oxidativo induzido pela acrilamida no fígado e nos rins de ratos, o que acaba por diminuir o nível de enzimas antioxidantes como SOD e CAT. O foco principal desta pesquisa é o efeito antioxidante de uma planta medicinal*, a Digera muricata.* Os tratamentos simultâneos de acrilamida e extrato metanólico de *Digera muricata* atenuam o estresse oxidativo nos tecidos do fígado e aumentam o nível de enzimas antioxidantes. Esses achados sugerem que o tratamento com o extrato metanólico de *D. muricata* diminui o nível de radicais livres ao aumentar o nível de seus sequestradores, como SOD, POD e CAT. Esses resultados estão relacionados com os achados de Yao *et al.* (2006). Eles descobriram que a atividade da SOD está diminuída nos ratos tratados com bleomicina em comparação com o grupo de controle simulado, enquanto, por outro lado, o losartan aumenta a atividade da SOD e diminui o nível de TBARS nos tecidos do fígado. Resultados semelhantes também foram relatados por Manna *et al.* (2006), onde descobriram que o tratamento com acrilamida diminui as atividades de SOD e CAT nos tecidos do fígado e dos rins, enquanto as atividades dessas enzimas antioxidantes aumentam com os tratamentos simultâneos de CCl_4 e extrato aquoso da casca de *Terminalia arjuna*. Eles concluíram que a casca da *Terminalia arjuna* tem atividade antioxidante e repara os tecidos danificados pelo CCl_4. Liu *et al.* (2006) relataram que o extrato de *Hibiscus sabdariffa* (L.) tem efeitos protetores contra a peroxidação lipídica induzida por acrilamida e também mantém o nível de enzimas antioxidantes. Topdag *et al.* (2005) também comprovaram que o nível de SOD nas células cancerosas permanece baixo em comparação com as células normais, sugerindo que a diminuição das atividades das enzimas antioxidantes é responsável pelo desenvolvimento do câncer nos tecidos do fígado. Bhandarkar e Khan (2003) relataram que o extrato das flores de *Nymphaea stellata* (uma planta medicinal) reduziu a lesão hepática induzida por acrilamida em ratos. O extrato das flores de *Nymphaea stellata* também aumenta as atividades das enzimas antioxidantes, como glutationa peroxidase, superóxido dismutase e catalase, que foram reduzidas pelos efeitos tóxicos da acrilamida. A diminuição do ganho de peso corporal observada em animais tratados com acrilamida em comparação com o grupo de controle mostra a quebra excessiva das proteínas do tecido (Chatterjea e Shinde, 2002). Além disso, isso é consistente com a diminuição das proteínas plasmáticas e teciduais.

5.4. Enzimas da função hepática

Todos os organismos têm um mecanismo de defesa especial para atenuar os efeitos dos compostos tóxicos nos tecidos. A acrilamida induz a peroxidação lipídica, resultando na alteração da estrutura do retículo endoplasmático e de outras membranas, perda da ativação de enzimas metabólicas, levando a danos no fígado. Os resultados obtidos nesse estudo indicaram que a atividade da aspartato aminotransferase (AST), alanina aminotrasferase (ALT), fosfatase alcalina (ALP) e fosfatase ácida (ACP) aumentou significativamente no grupo tratado com acrilamida em comparação com o grupo de controle. Esses achados sugerem que a toxicidade da acrilamida aumenta a produção de AST, ALT, ALP e ACP. Esses resultados estão relacionados com o trabalho de (Yousef *et al.,* 2006). Eles estudaram que o nível de AST, ALT, ALP e ACP foi acentuadamente aumentado com a acrilamida. Esta pesquisa se concentrou principalmente na avaliação da planta medicinal *Digera muricata.* Os tratamentos simultâneos de acrilamida e extrato metanólico de *Digera muricata* atenuam o estresse oxidativo nos tecidos do fígado e diminuem o nível de enzimas. Esses achados sugerem que o tratamento do extrato metanólico *de D. muricata* diminui o nível das enzimas marcadoras de membrana AST, ALT, ACP e ALP

5.5. Fragmentação de DNA% e ensaio de escada de DNA

Os resultados obtidos neste estudo mostram que o grupo tratado com acrilamida causa danos extensos ao DNA nos tecidos do fígado, enquanto o pós-tratamento com extrato de *Digera muricata* elimina a maior parte dos danos induzidos pela acrilamida. Esses resultados indicam que a acrilamida causa a degradação do DNA ao gerar radicais livres. Achados semelhantes também foram relatados por Maniere *et al.* (2005), que descobriram que produtos químicos como a acrilamida e outros compostos xenobióticos induzem a produção de espécies reativas de oxigênio que causam danos oxidativos ao DNA, com a formação de adutos de DNA e mutações genéticas. A acrilamida induz o dano ao DNA nos hepatócitos dos ratos e também descobriu que os organo-solenocinatos evitam o dano ao DNA induzido pela acrilamida (Collins, 2004). Ostling e Johanson (1984) também relataram que os danos ao DNA hepatocelular e a expressão anormal da matriz extracelular hepática foram observados em ratos tratados com acrilamida.

Conclusão

Com base nos resultados e na discussão acima, conclui-se que *a Digera muricata* tem efeitos medicinais e evita as lesões no fígado causadas pelos efeitos tóxicos da acrilamida. O extrato metanólico da *Digera muricata* possui biomoléculas ativas contra a toxicidade induzida pela acrilamida em nível histológico e molecular.

Referências

Abraham PG, Wilfred SP, Catherine (1999). Danos oxidativos aos lipídios e proteínas dos pulmões, testículos e rins de ratos durante a intoxicação por tetracloreto de carbono. Clinical chemical Acta 289: 177-179.

Ahmad M (1989). Liver In: Textbook of Essential of Biochemistry 4th Edition Lahore Merit pp142-151.

Anjaria J, Parabia M, Bhatt G, Khamar R (2002). A glossary of selected indigenous medicinal plants of India (Um glossário de plantas medicinais indígenas selecionadas da Índia). SRISTI Innovations P.O Box: 15050, Ahmedabad, 380015 India pp 26.

Conferência Americana de Higienistas Industriais Governamentais (1991). Documentation of the Threshold Limit Values and Biological Exposure Indices 6th Edition pp 23-56.

Conferência Americana de Higienistas Industriais Governamentais (2001). Documentation of the Threshold Limit Values for Chemical Substances (Documentação dos valores-limite de limiar para substâncias químicas).

Ames BN, Gold LS (1990). Chemical carcinogenesis: too many rodent carcinogens Process Nature Academy of Science USA 87: 7772-7776.

Agência de Substâncias Tóxicas e Registro de Doenças dos EUA (1992). Akrylamide. Agência Internacional de Pesquisa sobre o Câncer (1986). Monografias sobre a Avaliação de Riscos Carcinogênicos para Humanos Monografia pp39-416.

Barone M, Spano D, Maria D, Apolito CM, Lasalandra C, Capasso M, Leo AD, Volinia S, Arcelli D, Rosso N, Francavilla A, Tiribelli C, Iolascon A (2006). Análise da expressão gênica no fígado de camundongos transgênicos para HBV. A Model to Study Early Events Related to Hepatocarcinogenesis Molecular medicine 12: 115-123.

Boskabady MH, Rakhshanda H, Shariati VM (1998). Efeitos broncodilatadores e nitcholinérgicos do Carum copticum em cadeias traqueais isoladas de cobaia. Medical Jornal of Iran 11: 329-334.

Boyd MR, Statham CN, Jones RB (1980). As células Clara pulmonares como alvo de produtos químicos tóxicos que exigem estudos de ativação metabólica com tetracloreto de carbono. Journal Pharmacology Exp Ther 212: 109-114.

Bradury S (1976). Hower's Text book of histology for medical students 9th edition London and Tonbridge white fiars pp 316-320.

Bhattacharia H, Lun L, Gomez RGD (2005). Efeitos bioquímicos da toxicidade do CC14 no Barbudorosa (Punctatus conchonius). Journal of Our Nature 3: 20-25.

Bhandarkar IA, Sardjoko, Vermeulen NP (2003). Atividades citotóxicas e citoprotetoras da curcumina na citotoxicidade induzida pelo paracetamol, peroxidação lipídica e depleção de glutationa em hepatócitos de ratos. Biochemical Pharmacology 39:1869-1875.

Budavari S, O Neil MJ, Smith A, Heckelman, PE (1989). The Merck Index, 11ª edição. Rahway, Nova Jersey, Merck & Co. Inc.

Bull R J, Robinson M, Laurie R, Stoner G, Greisiger E, Meier J, Stober J (1984). Mice Carcinogenic effects of acrylamide in Sencar and A/J Mice (Efeitos carcinogênicos da acrilamida em camundongos Sencar e A/J). Cancer Research 44: 107-111.

Bull RJ, Robinson M, Stober JA (1984). Carcinogenic activity of acrylamide in the skin and lung of Swiss ICR mice. Cancer Letter, pp 24-209.

Butterworth BE, Goldsworthy, TL (1991). The role of cell proliferation in multistagecarcinogenesis (O papel da proliferação celular na carcinogênese multiestágio). Proceedin of the Society for Exp.erimental Biology and Medicine198: 683-687

Chance M, Maehly AC, (1955). Assay of Catalases and Peroxidasese (Ensaio de catalases e peroxidases). Methods of Enzymology 2: 764-817.

Chatteijea, Shinde R (2002). Text Book of Medical Biochemistry 5th edition Jaypee Brothers Medical Publishers Ltd, New Delhi pp 317.

Cohen SM, Ellwein LB (1991). Genetic errors cell proliferation and carcinogenesis (Erros genéticos, proliferação celular e carcinogênese). Cancer Research 51: 6393-6505.

Cohen SM, Ellwein LB (1990). Cell proliferation in carcinogenesis (Proliferação celular na carcinogênese). Cancer Research 249: 1007-1011.

Collins AR (2004). The Comet assay for DNA damage and repair (Ensaio Cometa para danos e reparos no DNA). Biologia Molecular 26: 249-261.

Collins J, Swaen G, Marsh G, Utidjian M, Carporossi J, Lucas L (1989). Mortality patterns among workers exposed to acrylamide (Padrões de mortalidade entre trabalhadores expostos à acrilamida). Journal of Occupational Medicine 31: 614617.

Crapo JD, Barry BE, Foscue, HA, Shelburne J (1980). Structural and biochemical changes in rat lungs occurring during exposure to lethal and adaptive doses of oxygen (Alterações estruturais e bioquímicas nos pulmões de ratos que ocorrem durante a exposição a doses letais e adaptativas de oxigênio). Review of Respiratory Diseases 122: 123-143.

Darroudi F, Natarajan AT (1998). Uso de células de hepatoma humano metabolicamente competentes para a detecção de mutagênicos e antimutagênicos. Mutation Research 402: 185-202.

Dearfield KL, Abernathy CO, Ottley MS, Brantner JH, Haynes PF (1988). Acrylamide: Its metabolism developmental and reproductive effects genotoxicity and carcinogenicity (Acrilamida: Seu metabolismo, efeitos no desenvolvimento e na reprodução, genotoxicidade e carcinogenicidade). Mutation Research pp195: 45-77.

Dearfield KL, Jacobson KD, Brown NA, Williams JR (1983). Evaluation of a human hepatoma cell line as a target cell in genetic toxicology (Avaliação de uma linha celular de hepatoma humano como célula-alvo em toxicologia genética). Mutation Research 108: 437-449.

Doelman CJA, Bast A (1990). Oxygen radicals in lung pathology (Radicais de oxigênio na patologia pulmonar). Free Radical in Biological Medicine 9: 381-400.

Donatus IA, Sardjoko, Vermeulen NP (1990). Cytotoxic and cytoprotective activities of curcumin on paracetamol-induced cytotoxicity, lipid peroxidation and glutathione depletion in rat hepatocytes. Biochemical Pharmacology 39:1869-1875.

Edwards PM (1975). The insensitivity of the developing rat fetus to the toxic effects of acrylamide (A insensibilidade do feto de rato em desenvolvimento aos efeitos tóxicos da acrilamida). Chemistry Biology Interaction: 12: 13-18.

Comissão Europeia, European Chemicals Bureau, Institute for Health and Consumer Protection, (2002).European Union Risk Assessment Report Acrylamide. Serviço de Publicações Oficiais das Comunidades Européias Luxemburgo 92:894-1250.

Sessão de treinamento e discussão do EUROTOX (2006). 15th The Role of Reactive Oxygen Species (ROS) in Genotoxicity (O papel das espécies reativas de oxigênio (ROS) na genotoxicidade), Antalya/Turquia, 4 de novembro.

Farr SB, Kogoma T (1991). Oxidative stress responses in Escherichia coli and Salmonella typhimurium (Respostas ao estresse oxidativo em Escherichia coli e Salmonella typhimurium). Microbiological Review 55: 561-585.

Fawcett DW, Bloom W (1994). A text book of histology, Nova York e Londres Champman and Hall. 12th edition pp 652-671.

Fenech M (2000). A técnica de micronúcleos in vitro. Mutation Research 455: 81-95.

Freeman B, Mason R, Williams M, Crapo J (1986). Antioxidant enzyme activity in alveolar Type II cells after exposure of rats to hyperoxia (Atividade da enzima antioxidante em células alveolares tipo II após exposição de ratos à hiperóxia). Lung Research 10: 203-222.

Friedman M, Dulak L, Stedham M (1995). A lifetime oncogenicity study in rats with acrylamide (Estudo de oncogenicidade vitalícia em ratos com acrilamida). Fundamental and Applied Toxicology 27: 95-105.

Gilani AH, Jabeen Q, Ghayur MN, Janbaz KH, Akhtar MS (2005). Studies on the antihypertensive, antispasmodic bronchodilator and hepatoprotective activities of the Carum copticum seed extract. Journal of Ethnopharmacology 98: 127-135.

Gilbert MTP, Haselkorn T, Bunce M, Sanchez JJ, Lucas SB, Laurence D, Jewell S, Marck EV, Worobey M (2007). The isolation of Nucleic Acids from Fixed Paraffin Embedded Tissues (O isolamento de ácidos nucleicos de tecidos fixados em parafina). Quais métodos são úteis e quando? Plos ONE 2nd edição 537:112.

Goldsworthy TL, Butterworth BE, Maronpot RR (1993). Concepts, labeling procedures and design of cell proliferation studies relating to carcinogenesis (Conceitos, procedimentos de rotulagem e projeto de estudos de proliferação celular relacionados à carcinogênese). Environmental Health Perspect 101: 59-66.

Guyton AC, Hall JE (1998): O fígado como um órgão. In: Text book of medical physiology Philadephia 9th edition pp 886-887.

Guyton AC, Hall JE (2006).O fígado como um órgão. In: Text book of medical physiology Philadephia 11th edition pp 861-863.

He J, Miyazaki H, Anaya C, Yu F, Yeudall WA, Lewis JP (2006). Role of orphyromonas gingivalis Feo B2 in metal uptake and oxidative stress protection (Papel da Feo B2 de orphyromonas gingivalis na absorção de metais e proteção contra o estresse oxidativo). Infection Immunity 74: 4214-4223.

He P, Noda Y, Sugiyama K (2001). Green Tea suppress polysaccharide induce liver injury in D Galaactotsamine-Sensitize rat. Journal of Nature 131: 1560-1567.

Heffner J, Repine J (1989). Pulmonar strategies of anti-oxidant defense (Estratégias pulmonares de defesa antioxidante). Review of Respiration 140: 531-554.

Huang P, Feng L, Oldham EA, Keating MJ, Plunkett W (1998). Peroxide dismutase as a target for the selective killing of cancer cells (Peróxido dismutase como alvo para a morte seletiva de células cancerígenas). Journal of Nature 407: 390-395

Hocking GM, (1962). Pakistan medicinal plants-IV. Quality as Plantarum 9: 103-119.

Agência Internacional de Pesquisa sobre o Câncer (1986). Monografias sobre a avaliação de riscos carcinogênicos para seres humanos. Monografia 39-416.

Agência Internacional de Pesquisa sobre o Câncer (IARC) (1994). Monografias sobre a Avaliação de

Riscos Carcinogênicos para os Seres Humanos. Some Industrial Chemicals (Alguns produtos químicos industriais). IARC Lyon, França, vol. 60: 389-433.

IMM (1998). Instituto Sueco de Medicina Ambiental.Halsoriskbedomning akrylamid och metylolakrylamid. Relatório IMM 2/98 (em sueco)

Isabelle M, Thierry G, Daniel RD, Mona IC, Magali G, Michel L, Jean MP (2005). Danos ao DNA e formação de adutos de DNA em tecidos de ratos após a administração oral de acrilamida. Mutation Research 580: 119-129.

Iqbal, M, Sharma SD, Rezazadeh H, Abdullah M, Hasan N, Athar M, (1996). Glutathione metabolising enzymes and oxidative stress in KBrO3 mediated hepatic injury (Enzimas metabolizadoras de glutationa e estresse oxidativo em lesão hepática mediada por KBrO3). Radiation effect on Respiration 2: 385-391.

Registro Internacional de Produtos Químicos Potencialmente Tóxicos (IRPTC) (1988). Acrylamide Scientific reviews of the Soviet literature on toxicity and hazards of chemicals United Nations Environment Programme (Programa das Nações Unidas para o Meio Ambiente). Comitê Estadual de Ciência e Tecnologia da URSS Moscou.

Jeffery SL, Lisa MK, Kaster J, Jiang J, James EK (2004). O tratamento subcrônico com acrilamida induz um aumento específico do tecido na síntese de DNA no rato.Journal of Toxicology 154: 95-103.

Johnson KA, Gorzinski SJ, Bodner KM, Campbell RA, Wolf DC, Friedman MA, Mast RW (1986). Estudo de toxicidade crônica e oncogenicidade da acrilamida incorporada na água potável de ratos Fischer 344. Toxicology and Applied Pharmacology 85: 154168.

Kanter M, Coskun O, Budancamanak M (2004). Hepatoprotective effects of Nigella sativa (L) and Urcia diocia (L) on lipid peroxidation, antioxidant enzyme system and liver nzymes in carbon tetrachloride treated rats.Journal of Gastroenterology 11: 66846688.

Kaplan ML, Murphy SD, Gillies FH (1973). Modification of acrylamide neuropathy in rats by selected factors Toxicology and applied pharmacology 24: 264-279.

Kataria M, Singh LN (1997). Efeito hepatoprotetor do fígado 52 e do Kumarysava no dano hepático induzido por CCl4 em ratos. Indian Journal of Experimental Biology 35: 655-657.

Kehrer JP, Witschi HP (1980). Efeitos dos inibidores do metabolismo de drogas na toxicidade pulmonar induzida pelo hidroxitolueno butilado em camundongos. Toxicology and Applied Pharmacology 53: 333-342.

Khan MA (1999). Change in thyroid gland morphology after acute acrylamide exposure (Mudança na morfologia da glândula tireoide após exposição aguda à acrilamida). Ciências Toxicológicas 47: 151-157

Kirsch VM, Elhajouji A, Cundari E, Van Hummelen P (1997). The invitro micronucleus test: a multi-endpoint assay to detect simultaneously mitotic delay apoptosis chromosomal breakage chromosome loss and non disjunction. Mutation Research 392: 19-30.

Klaunig JE (1993). Indução seletiva da síntese de DNA em lesões hepáticas pré-neoplásicas e neoplásicas de camundongos após exposição ao fenobarbital. Environmental Health Perspect 101: 235-249.

Klaunig JE, Kamendulis LM, Xu Y (2000). Epigenetic mechanisms of chemical carcinogenesis (Mecanismos epigenéticos da carcinogênese química). Human Experimental Toxicology 19: 543-555.

Knasmuller SM, Sundermann, V, Kevekordes S, Darroudi F, Huber WW, Hoelzl C, Bichler J, Majer BJ (2004). Use of humanderived liver cell lines for the detection of environmental and dietary genotoxicants current state of knowledge (Uso de linhas de células hepáticas derivadas de seres humanos para a detecção de genotóxicos ambientais e dietéticos - estado atual do conhecimento). Journal of Toxicology pp315- 328 .

Knasmuller S, Parzefall W, Sanyal R, Ecker S, Schwab C, Mersch SV, Williamson G, Hietsch G, Langer T (1998). Mutation Research 402: 185-202.

King J (1965a) The dehyrogenase or oxidoreductase-Lactate dehydrogenase. Practical Clinical Enzymology Nostrand London pp 83-93

Kuperman AS (1958). Effects of acrylamide on the central nervous system of the cat (Efeitos da acrilamida no sistema nervoso central do gato). Journal of Pharmacology123: 180-192.

Kumar PJ, Clark ML (1992). Digestive gland.in: Text book of the Clinical Medicine Lndon Bailliere Tindall 2nd edition pp 237-255.

Lawrence J (2000). Oxyradicals and DNA damage (Oxirradicais e danos ao DNA). Journal of Carcinogenesis 21: 361-370.

Lin W (2006). Efeito benéfico do ganoderma lucidum no fígado induzido por tetracloreto de carbono fibrose em ratos. World Journal of Gasteroenterol 12: 265-270.

Lowry OH, Rosebrough NJ, Farr AL, Randall RJ (1951). Calorimetric Assay: Lowry,s Method for Protein determination with the folin phenol reagent (Método de Lowry para determinação de proteínas com o reagente folina-fenol). Journal of Biology and Chemistry 193: 265-276.

MAKWL (1990). Toxikologisch-arbeitsmedizinische Begrundung von MAK-Werten (Maximale

(Arbeitsplatz-Konzentrationen) Akrylamide.

MAKWL (1985). Toxikologisch-arbeitsmedizinische Begrundung von MAK-Werten (Maximale Arbeitsplatz-Konzentrationen) Akrylamide.

Manna P, Sinha M, Sil PC (2006). O extrato aquoso de Terminalia arjuna previne distúrbios hepáticos e renais induzidos por tetracloreto de carbono. BMC complementary and alternative medicine 6: 33-56.

Marklund S (1992). Regulations by cytokines of extracellular superoxide dismutase and other superoxide dismutase isoenzmes in fibroblasts. Journal of Biology and Chemistry 267: 6696-6701.

McKelvey, Martin VJ, Green MH, Schmezer P (1993). The single cell gel electrophoresis assay (Comet assay): Revisão europeia Mutation Research 288: 47-63.

Mcminn MH (1994). Digestive system (Sistema digestivo). In: Textbook of Last's anatomy regional and applied, Edinburgh London, Churchill Livingstone 9th edition pp 342-347.

Miller MJ, Carter DE, Sipes IG (1982). Pharmacokinetics of acrylamide in Fisher-344 rats (Farmacocinética da acrilamida em ratos Fisher-344), Toxicology and Applied Pharmacology 63: 36-44.

MolakV (1991). NIOH and NIOSH Basis for an Occupational Standard Acrylamide:A Review of the Literature (Base do NIOH e do NIOSH para um padrão ocupacional de acrilamida: uma revisão da literatura). Arbetsmiljo institutet 98: 72-89.

Mucci LA, Dickman PW, Steineck G, Adami HO, Augustsson K (2003). Dietary Acrylamide and cancer of the large bowel, kidney and bladder. Ausência de associação em um estudo de base populacional na Suécia. British Journal of Cancer 88: 8489.

Murray RK, Granner DK, Mayes PA, Rodwell VW (1996). Metabolic function of liver (Função metabólica do fígado). In:Text book of Harper Biochemistry Stamford, Connecticute Appleton and Language 24th edition pp 752-754.

Instituto Nacional de Segurança e Saúde Ocupacional, (1976). Criteria for a Recommended Standard-Occupational Exposure to Acrylamide, DHEW (NIOSH), Departamento de Saúde, Educação e Bem-Estar dos EUA, Washington D.C., publicação número 77-112.

Nkosi CZ, Opoku AR, Terblanche SE (2006). Antioxidative effects of pumpkin seed *(Cucurbita pepo)* protein isolate in CCl4 Induced liver injury in low-protein fed rats.Phytotherapy research. 20: 935-940.

Ogeturk M, Kus I, Colakoglu N, Zararsiz IN, Sarsilmaz M (2005). Caffeic acid Phenethyl ester protege os rins contra o tetracloreto de carbono em ratos. Journal of Ethnopharmacol 97: 273-280.

Oluwatson A, Adaramoye, Akiloye O (2000). Possible protective effect of kolaviron 0n CCI4 induce erythrocyte Damage in rats.Biosciences Report pp 20-259.

Ostling O, Johanson KJ, (1984). Microelectrophoretic study of radiation-induced DNA damages in individual mammalian cells (Estudo microeletroforético de danos ao DNA induzidos por radiação em células individuais de mamíferos). Biochemistry and Biophyics Research Committee 123: 291-298.

Quinlan T, Spivack S, Mossman BT (1994).Regulação de enzimas antioxidantes no pulmão após lesão oxidante. Environmental Health Perspect 102:79-87.

Ratan J, Rohatgi S, Gupta DK, Ratan S (1997). Um estudo controlado das ações coleréticas e hapatoprotetoras do livzon e do ácido desidroclorídrico em um modelo de icterícia obstrutiva em ratos albinos. Journal of Experimental Medicine 181: 161-166.

Robin SL, Kumar V (1987). Liver fuction (Função hepática). In: Textbook of Basic Pathology Saunder Philadelphia 4th edition pp 11-14.

Rosana F , Romão C, Durvanei A, Maria SM, Miriam N, Sotto JA, Saches JR, Cyro FE, Sta NA, Itamar RR (2005). Nucleolar organizer region stainig patterns in paraffin embedded tissue cells from human skin cancer. Journal of Cutan Pathology 32: 323328.

Schulte-Hermann R (1987). Promoção de tumores na tireoide e no fígado. Journal of Toxicology 57: 147-158.

Segerback D, Calleman C, Schroeder J, Costa L, Faustman E (1995). Formation of(2- carbamoyl-2-hydroxyethyl) guanine in DNA of the mouse and rat following intraperitoneal administration of [14C] acrylamide. Journal of Carcinogensis 16: 1161-1164.

Sherlock ST, Dooley J (1989). Disease of the liver and biliary system (Doenças do fígado e do sistema biliar), Oxford black well 11: 584-617.

Solomon J, Fedyk J, Mukai, F, Segal A (1985). Alquilação direta de desoxinucleosídeos e DNA após reação in vitro com acrilamida. Journal of Cancer Research 45: 3465-3470.

Sumner SC, Fennell TR, Moore TA, Chanas B, Gonzalez F, Ghanayem BI (1999). Role of cytochrome P450 2E1 in the metabolism of acrylamide and acrylonitrile in mice (Papel do citocromo P450 2E1 no metabolismo da acrilamida e da acrilonitrila em camundongos). Chemical Research Toxicology 12: 1110-1116.

Sumner SCJ, Mac NJP, Fennell TR (1992). Characterization and quantitation of urinary metabolites of [1,2,3-C13] acrylamide in rats and mice using 13C nuclear magnetic resonance spectroscopy. Chemical Research on Toxicology 5: 81-89.

Szymonik LS, Czechowska G, Stryjecka ZM, Slomka M, Madro A, Celinski K, Wielosz M (2003).

Catalase, superóxido dismutase e atividades da glutationa peroxidase em vários tecidos de ratos após intoxicação por tetracloreto de carbono. Journal of Hepatobiliary Pancreatic Surgery 10: 309-315.

Tirkey N, Pilkhwal S, Kuhad A, Chopra K (2005). A hesperidina, um bioflavonoide cítrico, diminui o estresse oxidativo produzido pelo tetracloreto de carbono no fígado e nos rins de ratos. Pesquisa Química em Toxicologia 72: 112-118.

Topdag S, Aslaner A, Tataroglu C, Ilce Z (2005). Evaluation of antioxidant capacity in lung carcinoma (Avaliação da capacidade antioxidante em carcinoma de pulmão). Indian Journal of Thorac Cardiovas Surgery 21: 269-271.

Organização Mundial da Saúde (OMS), (1985). Acrylamide, Environmental, Health Criteria 49. Organização Mundial da Saúde, Genebra.

Wu B, Ootani A, Iwakiri R, Sakata Y , Fujise T, Amemori S, Yokoyama F, Tsunada S, Fujimoto K (2005). A deficiência de células T leva à carcinogênese hepática em ratos tratados com azoximetano. Society for Experimental Biology and Medicine, pp. 91-98.

Walter K e Schutt C (1974). In: H.U. Bergmeyer, Editor Methods of Enzymatic Analysis vol II Academic Press New York pp 860-864.

Yao HW, Zhu JP, Zhao MH, Lu Y (2006). Losartan attenuates bleomycin induced Pulmonary Fibrosis in Rats (Losartan atenua a fibrose pulmonar induzida por bleomicina em ratos). Journal of Respiration 73: 236-242.

Yousef MI, Demerdash FM (2006). Estresse oxidativo induzido por acrilamida e perturbações bioquímicas em ratos. Journal of Toxicology 219: 133-141.

Zakaria I, Abd EI khalik I, Selim ME (2004). The protective role of curcumin against carbontetrachloride induced pulmonary injury in rats. Journal of Medical Laboratory Science 13: 1-15.

MIX
Papier aus verantwortungsvollen Quellen
Paper from responsible sources
FSC® C105338

Printed by Books on Demand GmbH, Norderstedt / Germany